Holger Stein

Wer fragt, der führt

Erfolgreiche und zielorientierte Führung
durch Fragetechniken

Die in diesem Buch angegebenen Internet-Adressen wurden vor Drucklegung geprüft (Stand: Oktober 2007). Der Verlag übernimmt keine Gewähr für die Aktualität und den Inhalt dieser Adressen und solcher, die mit ihnen verlinkt sind.

Verlagsredaktion: Christine Schlagmann
Layout und technische Umsetzung: Text & Form, Karon / Düsseldorf
Umschlaggestaltung: Magdalene Krumbeck, Wuppertal
Titelfoto: © Jürgen Bringenberg

Informationen über Cornelsen Fachbücher und Zusatzangebote:
www.cornelsen.de / berufskompetenz

1. Auflage

© 2008 Cornelsen Verlag Scriptor GmbH & Co. KG, Berlin

Druck: Druckhaus Thomas Müntzer, Bad Langensalza

ISBN 978-3-589-23547-6

 Inhalt gedruckt auf säurefreiem Papier aus nachhaltiger Forstwirtschaft.

Einleitung

Warum dieses Buch?

Wenn sie den Begriff „Interview" hören, denken viele Menschen zuerst an den Journalismus oder ganz konkret an Fernsehinterviews. Sicherlich ist dies ein Bereich, in dem die Kunst der Interviewführung besonders wichtig und ausgeprägt ist. Die Beschäftigung mit der journalistischen Interviewführung kann sehr nützlich sein, denn sie lehrt den aufmerksamen Beobachter einiges über den gezielten Einsatz von Fragetechniken oder die geschickte Formulierung von Fragen – speziell dann, wenn es um heikle Gesprächsthemen und schwierige Gesprächspartner geht.

Aber der Journalismus ist nicht der einzige Bereich, in dem Interviews eine Rolle spielen. Das Interview ist in vielen wissenschaftlichen Disziplinen und praktischen Anwendungsfeldern eine verbreitete und bevorzugte Methode der Datenerhebung. Wir alle haben Interviews in mehr oder auch weniger guter Erinnerung, beispielsweise wenn wir uns an den ungebetenen Anruf eines Marktforschungsinstituts am Abend erinnern. Auch in den verschiedenen psychologischen Disziplinen werden Interviews geführt, z.B. wenn eine Krankengeschichte erhoben wird – genauso in der Medizin – oder wenn Informationen zum Betriebsklima gesammelt werden. Sozialarbeiter, Theologen, Ethnologen und viele andere Forscher und Praktiker führen ebenfalls Interviews, um zu neuen Erkenntnissen zu gelangen.

In diesem Buch geht es aber weder um journalistische Interviewführung noch um das Interview als sozialwissenschaftliche Methode der Datenerhebung, sondern im Speziellen um Interviews in Betrieben: Auch in Unternehmen stehen Manager und Führungskräfte vor der Aufgabe, Interviews zu führen. So müssen Fach- und Linienvorgesetzte beispielsweise Bewerbungsgespräche führen, bei denen der Gesprächsanteil, der in Form eines Interviews geführt wird, besonders hoch ist. Anders als Personalexperten oder externe HR-Berater verfügen Fach- und Linienvorgesetzte aber oft weder über eine systematische Ausbildung zu diesem Thema noch über umfangreiche Erfahrung auf den Gebieten der Gesprächs- und Interviewführung und der Fragetechnik.

DEMENTSPRECHEND RICHTET SICH DIESES BUCH AN MITARBEITER UND FÜHRUNGSKRÄFTE, DIE SICH BEI INTERVIEWS UND BEI DURCH FRAGEN GEFÜHRTEN GESPRÄCHEN IM BETRIEB BEGEGNEN.

Ihnen soll es die wichtigsten Grundlagen der Interviewführung und Fragetechnik vermitteln und sie so in die Lage versetzen, als kompetente Gesprächspartner aufzutreten und ihre Gesprächsziele mithilfe der richtigen Fragestellungen zu erreichen. Dazu werden in vier methodisch orientierten Kapiteln die Grundlagen gelegt. In vier weiteren Kapiteln wird dann anhand der wichtigsten betrieblichen Gesprächssituationen die praktische Anwendung von Interview- und Fragetechniken demonstriert.

Überblick

Das Buch gliedert sich in acht Kapitel, von denen jedes für sich gelesen werden kann, die aber auch der Reihe nach gelesen werden können. Sicher wird es Ihnen oft so gehen, dass Sie z.b. in den Praxiskapiteln etwas erfahren, wozu Sie in den Theoriekapiteln Informationen nachlesen möchten, um diese gezielt auf das jeweilige Praxisfeld zu übertragen.

Im **ersten Kapitel** setzen wir uns mit Kommunikation und Führung auseinander – es geht um die Frage, welchen Stellenwert Kommunikation im Führungsprozess hat und welche kommunikationsbasierten Instrumente Führungskräften zur Verfügung stehen. Am Ende dieses Kapitels finden Sie ein Gesprächsschema für Mitarbeitergespräche, das sehr flexibel an unterschiedliche Interviewsituationen angepasst werden kann.

Das **zweite und das dritte Kapitel** sind ebenfalls eher theoriegeleitet und widmen sich ganz den Grundlagen der Gesprächsführung und der Interviewtechnik: Im zweiten Kapitel lernen Sie verschiedene Kommunikationsmodelle und -techniken kennen, und in Kapitel drei erfahren Sie, wie sich Interviews von anderen Gesprächstypen abgrenzen lassen, die zum Teil ähnlich wie Interviews auf Fragetechniken beruhen. Darüber hinaus befassen wir uns hier mit den Unterschieden zwischen Interviews und anderen Datenerhebungsmethoden, die für betriebliche Zwecke eingesetzt werden können. Anschließend lernen Sie die verschiedenen Interviewtypen kennen und erhalten Informationen über zentrale Aufgaben im Rahmen der Vorbereitung und Durchführung von Interviews.

Im **vierten Kapitel** werden Fragetechniken speziell für Mitarbeitergespräche vorgestellt. Das Hauptaugenmerk liegt dabei auf der sinnvollen Anwendung der verschiedenen Fragetypen in den unterschiedlichen Gesprächssituationen.

Die Kapitel fünf bis acht sind praxisorientiert und beziehen sich auf unterschiedliche betriebliche Situationen, in denen Interviews eingesetzt werden oder werden können:

- Die offensichtlichste Form des betrieblichen Interviews ist das Vorstellungsgespräch. Daher erfahren Sie im **fünften Kapitel,** welche Varianten es gibt und wie Sie es vorbereiten. Sie finden zu jeder Gesprächsphase Beispiele für geeignete Fragen. Außerdem lernen Sie Gesprächs- und Fragetechniken für das Vorstellungsgespräch kennen.
- Im **sechsten Kapitel** wird das Telefoninterview als Zeit sparende Alternative zum klassischen Vorstellungsgespräch dargestellt.
- Verschiedenen Typen von Personalgesprächen, in denen die Interviewsituation einen großen Anteil ausmacht, widmet sich das **siebte Kapitel.** Hier erfahren Sie einige grundlegende Dinge über Personalgespräche, über relevante Regeln der Gesprächsführung und über die Gesprächssteuerung. Anschließend werden die wichtigsten Formen des Mitarbeitergesprächs genauer betrachtet.
- Das **achte Kapitel** schließlich befasst sich mit dem Einsatz von Interviews im Rahmen von Change-Prozessen. Besonderes Augenmerk liegt dabei auf den Interviewtechniken des Appreciative Inquiry und des qualitativen Interviews.

„Ein Interview ist mehr als nur das Stellen vorbereiteter Fragen. Gute Interviews zu führen ist eine Kunst, die erlernt werden kann." (M. Knill)

INHALT

1 FÜHRUNG UND KOMMUNIKATION

1.1 Begriffsklärung

Führung und Kommunikation definieren zu wollen ist ein schwieriges Unterfangen. Jeder hat zumeist ein eigenes Verständnis dieser Begriffe, und wie so oft entsteht das Problem erst dann, wenn man sich gezwungen sieht, die Begriffe eindeutig zu definieren. Die Literaturrecherche bringt den Suchenden dabei nicht viel weiter: Vielmehr stößt er auf diesem Weg auf eine unüberschaubare Vielgestaltigkeit der Definitionen, die ebenso problematisch ist. Was also sind „Führung" und „Kommunikation"?

1.1.1 Führung

Bei der Betrachtung verschiedener Versuche der Bestimmung des Begriffs „Führung" kann man erkennen, dass es einen kleinsten gemeinsamen Nenner gibt (vgl. Neuberger, 1995):

> *GANZ ALLGEMEIN VERSTEHT MAN UNTER FÜHRUNG EINE BEABSICHTIGTE, ZIELBEZOGENE EINFLUSSNAHME AUF ANDERE PERSONEN.*

Die Unterschiede zwischen den verschiedenen Definitionen liegen darin, dass dieser kleinste gemeinsame Nenner in unterschiedlicher Weise weiter präzisiert wird:

- Beispielsweise lassen sich verschiedene Arten von Führung – mithin verschiedene Definitionen – danach unterscheiden, *wer* geführt wird. Es ist ein großer Unterschied, ob es sich bei den Objekten der Führung um Personal bzw. Mitarbeiter, Teams bzw. Gruppen oder um ganze Unternehmen handelt. Im Bereich der Unternehmensführung kommen völlig andere Instrumente und Methoden zum Einsatz als auf den beiden anderen Gebieten. *Wer wird geführt?*
- Ebenso gibt es unterschiedliche Auffassungen zu der Frage, worauf die Führenden bei den Geführten einwirken. Geht es darum, das Verhalten des Geführten so zu steuern, dass es den wesentlichen Vorstellungen des Unternehmens entspricht? Oder sollte noch viel grundsätzlicher auf den Geführten eingewirkt werden? So könnten beispielsweise auch Einstellungen, Werte oder sogar persönliche Eigen- *Worauf wirken die Führenden bei den Geführten ein?*

schaften im Fokus der Aufmerksamkeit des Führenden stehen. Auf dieser Ebene kann die Beeinflussung der Leistung eines Mitarbeiters zwar nur sehr viel indirekter und unsicherer erfolgen; die so erzielten Erfolge sind aber in aller Regel nachhaltiger und machen eine erneute Beeinflussung oder eine direkte Verhaltenssteuerung weitgehend überflüssig.

Wie soll der Beeinflussungsprozess vonstattengehen?

- Zum dritten unterscheiden sich viele Führungsdefinitionen in der Frage, wie der Beeinflussungsprozess vonstattengehen soll. Bedeutet Führung, dass Mitarbeiter zu einem bestimmten Denken und Verhalten motiviert werden müssen? Oder sollte das Verhalten der Mitarbeiter eher auf dem Weg der Kontrolle und Sanktion gesteuert werden?

Auf der zuletzt genannten Definitionsebene werden noch zahlreiche weitere Instrumente der Verhaltenssteuerung als besonders wichtig hervorgehoben. Eines davon ist die Kommunikation. Vielleicht ist Kommunikation sogar das wichtigste Instrument der Führung, da es den unmittelbarsten Kontakt zwischen Vorgesetztem und Mitarbeiter herstellt. Beispielhaft für diese Auffassung steht die nachfolgende Definition, welche zudem sehr gut den kleinsten gemeinsamen Nenner von Führung und die gerade beschriebenen Formen der Präzisierung dieser allgemeinen Definition veranschaulicht:

FÜHRUNG IST JEDE ZIELBEZOGENE, INTERPERSONELLE VERHALTENSBEEINFLUSSUNG MITHILFE VON KOMMUNIKATIONSPROZESSEN (BAUMGARTEN, 1977).

Komponenten der Personalführung

Die besondere Bedeutung der Kommunikation für den Führungsprozess lässt sich vor allem dann gut ermessen, wenn man die beiden Komponenten der Personalführung genauer betrachtet.

INTERAKTIONALE BZW. PERSONALE FÜHRUNG

Die interaktionale bzw. personale Führung wird auch als Personalführung im engeren Sinne bezeichnet, weil sie den Aspekt des Führens umfasst, der für die meisten Führungskräfte im Vordergrund steht und der somit stärker bewusst eingesetzt wird: Sie bezieht sich auf das direkte Zusammenwirken zwischen Personen (Führungskräften und Mitarbeitern) bzw.

Gruppen im Unternehmen und wird durch direkte und unmittelbare Kommunikation und Interaktion zwischen Führungskraft und Mitarbeiter ausgeübt. Das bedeutet, dass die Führungskraft ihre Mitarbeiter einerseits bewusst durch verbale (Anweisungen und Aufträge) und nonverbale (Handzeichen) Signale und andererseits auch unbewusst durch ihr Verhalten (Minenspiel, Vorbildfunktion) beeinflusst.

Unmittelbare Kommunikation zwischen Führungskraft und Mitarbeiter

Bei einer unbewussten Beeinflussung kann man allerdings nicht mehr von Führung im klassischen Sinn als zielbezogene Beeinflussung sprechen. Diese Komponente der Führung unterstreicht die große Bedeutung der Kommunikation für den Führungsprozess. In der Umgangssprache wird normalerweise allein diese personale Komponente als Führung bezeichnet.

STRUKTURALE PERSONALFÜHRUNG

Die strukturale Personalführung umfasst alle Aspekte, die über das direkte Zusammenwirken zwischen Personen bzw. Gruppen hinausgehen. Sie umfasst also die Beeinflussung der Geführten durch unpersönliche formale Regeln und technische Strukturen:

Beeinflussung durch formale Regeln und technische Strukturen

- Ein Fließband normiert z.b. durch seine Geschwindigkeit, seine Gliederung und Ausgestaltung der Arbeitsplätze und durch die an ihm realisierte Anordnung von Betriebsmitteln und Werkzeugen das Arbeitsverhalten der Mitarbeiter.
- Arbeitsanweisungen, Stellenbeschreibungen und Führungsgrundsätze sind Beispiele für Dokumente, die Aussagen zu Arbeitsaufgaben oder Verhaltensweisen im Betrieb machen. Sie sollen den Mitarbeitern eine Orientierung geben und das Leistungsverhalten der Mitarbeiter genau bestimmen und sie entlasten die direkten Vorgesetzten von Aufgaben der personalen Führung.

Es gibt also eine ganze Bandbreite dessen, was unter Führung verstanden wird bzw. wie weit oder eng die Definition gefasst ist.

Wenn Führung als Beeinflussung anderer Personen angesehen wird, dann bezeichnet der Begriff Führung einen bestimmten Interaktionsprozess – einen Interaktionsprozess, der nicht ausschließlich, aber zu einem großen Teil durch Kommunikation verschiedener Art bestimmt wird.

1.1.2 Kommunikation

Ähnlich wie beim Begriff der Führung gibt es auch für den Begriff Kommunikation verschiedene Definitionsansätze. Ursprünglich stammt das Wort „Kommunikation" aus dem Lateinischen. Es leitet sich von „communis" ab, was „gemeinsam" oder „miteinander" bedeutet. Dieser lateinische Wortstamm findet sich heute in vielen alltäglichen Begriffen wieder.

Zwei Definitionen von Kommunikation

Die verschiedenen Auslegungen des Begriffs Kommunikation lassen sich an den zwei folgenden Definitionen gut darstellen:

- Eine weit verbreitete Definition, die sich am klassischen Kommunikationsmodell von Shannon & Weaver (1976) orientiert, bezeichnet Kommunikation als den Austausch von Mitteilungen zwischen zwei oder mehr Kommunikationsteilnehmern, der durch absichtliche und bewusste Verwendung eines beidseitig verständlichen Symbolsystems (z.B. Sprache, Schrift, Gesten) gekennzeichnet ist (vgl. Kap. 2.1.1). Daraus folgt, dass Kommunikation
  - bewusst und zielbezogen ist und
  - verbal und nonverbal erfolgen kann.

Man kann nicht nicht kommunizieren

- Paul Watzlawick (2000) hingegen vertritt den Standpunkt, dass man nicht nicht kommunizieren kann. Nach seiner – sehr weiten – Definition ist jede bewusste oder unbewusste menschliche Regung ein Akt der Kommunikation.

Wenn man bedenkt, dass auch nicht kommunikativ intendiertes Verhalten von anderen Personen wahrgenommen und interpretiert wird, spricht sicherlich einiges für Watzlawicks Betrachtungsweise.

FÜHRUNGSKRÄFTE SOLLTEN SICH ALSO KLARMACHEN, DASS SIE NICHT NUR DURCH ZIELBEZOGENE KOMMUNIKATIONS-AKTE DAS VERHALTEN IHRER MITARBEITER STEUERN, SONDERN AUCH DURCH NONVERBALES VERHALTEN UND ANDERE OFT UNBEDACHTE VERBALE ÄUSSERUNGEN.

Neben der explizit geäußerten Aufforderung, pünktlich am Arbeitsplatz zu erscheinen, wird beispielsweise auch ein Stirnrunzeln, kombiniert mit einem ostentativen Blick auf die Uhr, oder ein leises Stöhnen eine steuernde Wirkung auf den Mitarbeiter haben. Noch indirekter können Äußerungen wirken, die in anderem Zusammenhang oder gegenüber anderen Personen über Pünktlichkeit am Arbeitsplatz gemacht werden und die der Mitarbeiter als auf sich bezogen wahrnimmt.

Ganz anders als in diesen Beispielen, die die Bedeutung unbewusster Kommunikationsprozesse in den Vordergrund stellen, sieht es bei Mitarbeitergesprächen und Interviews als Führungsinstrumenten aus: Hier ist der Charakter eines durchdachten und bewusst strukturierten Führungsmittels offensichtlich.

1.2 Kommunikation als Führungsaufgabe – Kommunikation in der Führung

Neben ihrem eigenen Tagesgeschäft müssen sich Führungskräfte um viele andere Aufgaben kümmern, die in Zusammenhang mit ihrem Status als Vorgesetzte stehen – um die so genannten Führungsaufgaben. Einige der wichtigsten Aufgaben, die im Rahmen der Personalführung zu bewältigen sind, sind im folgenden Kasten überblicksartig zusammengefasst.

Wichtige Führungsaufgaben　　**INFORMATION**

PLANEN, DISPONIEREN, KOORDINIEREN UND ORGANISIEREN
Der Vorgesetzte muss z.B. festlegen, warum, wo, wann, wie oder von wem eine Aufgabe ausgeführt werden soll und wie die Beteiligten zusammenarbeiten sollen.

AUFTRÄGE ERTEILEN, DELEGATION
Als direkte Konsequenz aus der organisatorischen Tätigkeit müssen Aufgaben, Kompetenzen und Verantwortung an Mitarbeiter übertragen werden. Um sicherzustellen, dass Weisungen sachgerecht ausgeführt werden, sollten diese begründet, personenbezogen, klar und vollständig und schließlich auch angemessen sein.

PERSONALMANAGEMENT
In modernen Unternehmen wird das Linienmanagement heute verstärkt in die Durchführung vieler personalwirtschaftlicher Aufgaben eingebunden. Zu diesen Aufgaben gehören für die Führungskräfte Personalplanung, -beschaffung, -auswahl, -beurteilung und -entwicklung.

KONTROLLE DER ARBEIT SOWIE DEREN ANERKENNUNG UND KORREKTUR

Kontrolle und Feedback dienen nicht nur der Sicherstellung von Quantität und Qualität der Arbeitsleistung, sondern auch der Steuerung und Verbesserung der Arbeitsausführung und der Entfaltung der Fähigkeiten der einzelnen Mitarbeiter.

MOTIVATION

Mitarbeiter in angemessener Weise zu motivieren hat ein hohes Gewicht im Rahmen der Führungsaufgaben. Dafür muss die Führungskraft die individuelle Bedürfnislage eines Mitarbeiters erkennen und die situativ angemessenen Motivationsfaktoren auswählen. Dabei sollte sie zum einen die „Motivationsgerechtigkeit" zwischen den einzelnen Mitarbeitern nicht aus den Augen lassen und zum anderen ihre Bemühungen auf die Unternehmensziele ausrichten.

SICHERN DER ZUSAMMENARBEIT IN DER GRUPPE

Die Zusammenstellung einer Arbeitsgruppe, die Entwicklung eines funktionierenden, leistungsfähigen Teams und die Koordination aller Kräfte auf ein gemeinsames Ziel (trotz möglicherweise unterschiedlicher Einzelinteressen) gehören zu den schwierigsten Aufgaben der Personalführung. Wichtig ist, dabei auf einen reibungslosen, transparenten Informationsfluss zu achten, Struktur und Dynamik der Arbeitsgruppe zu kennen, Konflikte zu bewältigen und ständig an einem guten Betriebsklima zu arbeiten.

Weitere Führungsaufgaben

Je nach Führungsstil oder -philosophie haben auch Aufgaben wie Coaching und Beratung der Mitarbeiter, Zielvereinbarung, Wahrnehmen der Vorbildfunktion, Einleiten von Innovationen, Repräsentation nach innen und außen und schlussendlich natürlich die Entscheidungsfunktion erhebliche Bedeutung.

Auch wenn sich diese Aufzählung noch erweitern ließe, so wird doch der wesentliche Punkt schnell klar:

ZUR ERFÜLLUNG JEDER DER VORGENANNTEN FÜHRUNGSAUFGABEN MUSS DER VORGESETZTE KOMMUNIZIEREN UND INFORMIEREN.

Er muss Planungsergebnisse mitteilen, die Delegation von Aufgaben erläutern und Zielvereinbarungs- und Feedbackgespräche führen. Auch Kontrollergebnisse sollte er zurückmelden; hin und wieder muss er ein Lob aussprechen; Teamentwicklung und Konfliktmanagement benötigen umfangreiche Kommunikation. Es sollte also nicht verwundern, dass Führungskräfte 50 bis 90 Prozent ihrer Zeit für verbale Kommunikation verwenden (vgl. Wahren, 2002).

Führungskräfte verwenden 50 bis 90 Prozent der Zeit für verbale Kommunikation

KOMMUNIKATION IST EINE FÜHRUNGSAUFGABE! SIE SPIELT IN ALLE ANDEREN FÜHRUNGSAUFGABEN HINEIN UND MACHT FÜHRUNG ERST MÖGLICH.

Die Art und Weise der Kommunikation zwischen Vorgesetztem und Mitarbeitern und der Umfang der Informationsprozesse können sehr unterschiedlich ausfallen – abhängig vom praktizierten Führungsstil, Managementmodell bzw. dem Einsatz verschiedener unternehmenseigener Kommunikationsinstrumente und letztendlich auch von der Kompetenz und dem Menschenbild des Vorgesetzten.

So verläuft die Kommunikation zwischen einem autoritären Vorgesetzten und seinem Team z.B. normalerweise einseitig von oben nach unten. Sie ist knapp und vor allem auf arbeitsbezogene Themen ausgerichtet. Die „Untergebenen" beschaffen sich wegen der vom Vorgesetzten errichteten Informationsschranken Informationen auf informellem Wege. Oft herrscht ein wenig freundlicher, distanzierter, meist tadelnder Kommunikationsstil vor.

Autoritärer Kommunikationsstil vs. kooperativer Führungsprozess

In einem kooperativen Führungsprozess hingegen ermutigt der Vorgesetzte seine Mitarbeiter, an Diskussionen teilzunehmen. Entscheidungen werden zu einem größeren Teil gemeinsam getroffen und durchgesetzt. Die Kommunikationswege sind wechselseitig. Die Teammitglieder sind untereinander vernetzt. Es herrscht ein offener, wohlwollender Umgangston. Kommuniziert wird arbeitsbezogen und auch privat.

Im Rahmen der Personalführung existieren eine ganze Reihe sehr unterschiedlicher Führungsinstrumente, die auf Kommunikationsprozesse zurückgreifen, beispielsweise

Führungsinstrumente, die auf Kommunikation zurückgreifen

- Mitarbeitergespräche (Zielvereinbarungs-, Personalbeurteilungs-, Feedback- und Kritikgespräche),
- Gruppen- oder Projektarbeit,

13

- Qualitätszirkel und die Arbeit in anderen Gremien und Ausschüssen,
- Methoden der Gesprächsführung, Teamentwicklung und des Konfliktmanagements,
- Motivationsevents,
- Instrumente der internen Kommunikation wie Mitarbeiterzeitungen, schwarze Bretter, Veröffentlichungen im Intranet,
- Betriebs- und Abteilungsversammlungen, Team-Meetings,
- Seminare und Workshops.

Diese Aufzählung besteht aus sehr unterschiedlichen Instrumenten, deren Anwendung wohl überlegt sein sollte. Sie zeigt einmal mehr, dass Kommunikation ein wichtiges Element im Führungsprozess ist. Natürlich kann nicht über so viele verschiedene Instrumente hinweg eine allgemein gültige Handlungsanweisung dafür gegeben werden, wie die Führungsaufgabe Kommunikation auszuführen ist. Dennoch gibt es einige Grundregeln:

Grundregeln der Kommunikation — **PRAXIS**

- Kommunizieren Sie nach Möglichkeit wahrheitsgemäß, offen, transparent und frühzeitig/rechtzeitig.
- Formulieren Sie verständlich: einfach, gegliedert, prägnant und stimulierend.
- *Wie* Sie etwas sagen, ist genauso wichtig wie das, *was* Sie sagen.
- Bleiben Sie auch bei schwierigen Themen ruhig und sachlich. Vermeiden Sie heftige emotionale Reaktionen ebenso wie persönliche Angriffe.
- Bemühen Sie sich sowohl als Sender als auch als Empfänger einer Botschaft um eine hohe Partnerorientierung, um Missverständnisse zu vermeiden.
- Berücksichtigen Sie die Erwartungen Ihrer Mitarbeiter.
- Sorgen Sie dafür, dass Gespräche von gegenseitigem Vertrauen und Respekt geprägt sind.
- Wenden Sie Kommunikationsinstrumente nie unreflektiert, ungeplant und unvorbereitet an.
- Kennzeichnen Sie Bewertungen explizit.

- Seien Sie konzentriert beim Thema und bei Ihrem Gegenüber; bemühen Sie sich um ehrliches Interesse.
- Machen Sie die Kommunikation auf der Metaebene zum Thema des Gesprächs, wenn sie nicht gelingt.
- Ganz wichtig gerade für die Führungskraft: Bleiben Sie authentisch. Worte und Taten – auch vor oder nach dem Gespräch – sollten übereinstimmen. Achten Sie dabei auch auf situationsgerechtes Verhalten.

Wer Kommunikation in der Führung immer noch für überbewertet hält, sollte sich zum Abschluss dieses Abschnitts kurz einige Gedanken über die Auswirkungen von Kommunikation machen – nicht nur über die positiven Auswirkungen gelungener Kommunikation, sondern vielmehr auch über die negativen Auswirkungen misslungener oder gar ausgebliebener Kommunikation. Die folgende Übersicht sollte auch der äußerst rational-ökonomisch denkenden Führungskraft deutlich machen, dass sich durch gute, durchdachte Kommunikation Probleme vermeiden und positive Effekte erzielen lassen:

Auswirkungen von Kommunikation

EFFEKTE GELUNGENER KOMMUNIKATION	EFFEKTE MANGELHAFTER KOMMUNIKATION
+ Relevante Informationen sind auf beiden Seiten besser verfügbar.	– Unwissenheit und Missverständnisse führen zu mehr Fehlern.
+ Mitdenken und Verantwortungsübernahme werden möglich.	– Mitdenken, Kreativität und Initiative werden verhindert.
+ Führungskraft und Mitarbeiter können ihre Arbeit schneller und effizienter ausführen.	– Die Mitarbeiter fühlen sich ausgeschlossen, unwissend und unwichtig.
+ Arbeitsmotivation und -zufriedenheit steigen.	– Es kommt zu Demotivation und geringer Arbeitszufriedenheit.
+ Die Betroffenen können sich besser mit der Organisation / dem Team identifizieren.	– Identifikation wird verhindert.
	– Fehlzeiten und Fluktuation nehmen zu.
+ Das Betriebsklima verbessert sich.	– Informationen werden informell und u.U. aus zweifelhaften Quellen beschafft. Gerüchte entstehen. Regeln der formalen Organisation werden umgangen. Das Verhalten der Mitarbeiter ist schwer steuer- und kontrollierbar.
+ Die Arbeit wird als bedeutsam für sich selbst oder das Team bzw. das Unternehmen eingeschätzt.	

1.3 Die Führungskraft als Interviewer

1.3.1 Gesprächsanlässe

Zwischen einem Vorgesetzten und seinen Mitarbeitern gibt es viele institutionalisierte und nicht institutionalisierte Gesprächsanlässe. Obwohl dementsprechend diverse Gesprächsarten unterschieden werden können, gibt es allgemeine Grundregeln bezüglich des Gesprächsverlaufs und der wichtigsten Kommunikationstechniken, an denen Sie sich orientieren können.

In Anlehnung an Saul (1999) unterscheiden wir prinzipiell große und kleine Mitarbeitergespräche:

	KLEINE MITARBEITERGESPRÄCHE	GROSSE MITARBEITERGESPRÄCHE
ANWEN- DUNG	Allgemeine Führungssituationen im betrieblichen Alltag, Routineangelegenheiten	Besondere Führungssituationen
BEISPIELE	• Mitteilung von Kontrollergebnissen • Steuerung des Betriebsablaufs • Kontakt-, Beziehungspflege • Anweisungen/Befehle aussprechen	• Probleme lösen • Mitarbeiter einweisen • Personalbeurteilungen • Projekte besprechen • Ziele vereinbaren • Aufgaben delegieren, Mitarbeiter auswählen • Team-Meetings abhalten
MERKMALE	• Spontan geführt, kaum Vorbereitung • Meist am Arbeitsplatz des Mitarbeiters • Kurze Dauer, nicht terminiert • Nicht formalisiert • Absolute Vertraulichkeit nicht immer möglich • Nicht institutionalisiert	• Nicht spontan, Vorbereitung notwendig • Meist im Büro der Führungskraft bzw. in einem Besprechungszimmer • Längere Dauer, terminiert • Formalisiert, Dokumentation • Spezielle Anlässe oder Turnus • Unter vier Augen, vertraulich • Institutionalisierung erwünscht

Diese einfache Zweiteilung in große und kleine Mitarbeiterge-spräche ist für den Arbeitsalltag sehr praktisch. Anhand der Beispiele für Gesprächsanlässe und der beiden grundsätz-lichen Anwendungsprinzipien können Sie ein Mitarbeiterge-spräch sehr schnell und einfach einem der beiden Grundtypen zuordnen. Das hilft Ihnen wiederum dabei, aus den zugehö-rigen Gesprächsmerkmalen Grundregeln abzuleiten.

Kleine und große Mitarbeitergespräche haben aber auch einige weit reichende Gemeinsamkeiten:

- In beiden Fällen ist die wesentliche Kommunikationstech-nik die Fragetechnik.
- Beide sind durch ein gewisses Ungleichgewicht zwischen den Gesprächspartnern gekennzeichnet; es gibt eine Per-son, die Fragen stellt, und eine andere Person, die antwor-ten soll. Diese hierarchische Distanz sollte allerdings nicht zu groß sein. Im besten Fall wird sie nur dann spürbar, wenn das Gespräch gesteuert wird, damit es nicht abschweift, und wenn eine ganz bestimmte Information z.B. durch ge-zieltes Nachfragen „herausgekitzelt" werden muss.

In den Kapiteln 5 bis 8 erhalten Sie einen differenzierten Ein-blick in die Gesprächs- und Interviewführung in verschiedenen Mitarbeitergesprächen. Die folgenden Gesprächstypen wer-den dort näher beschrieben:

BEWERBUNGSGESPRÄCHE

Bewerbungsgespräche sind meist sehr eindeutig fragen-basiert. Derartige Personalauswahlgespräche können in un-terschiedlichen Formen stattfinden: Sie können mit Mitarbei-tern oder externen Bewerbern, am Telefon oder in der klassischen Gesprächsform geführt werden, und sie können durch verschiedenste Übungen und Interviewsettings variiert werden. Ihr wesentliches Ziel ist es, aus einer mehr oder weni-ger großen Menge von Bewerbern denjenigen herauszufin-den, der von seiner Persönlichkeit, seiner Arbeitseinstellung und seinen Fähigkeiten her am besten zum Unternehmen und zur zu besetzenden Stelle passt. Vgl. hierzu Kap. 5 und 6.

MITARBEITERGESPRÄCHE

Als Mitarbeitergespräche werden institutionalisierte Ge-spräche bezeichnet, die Führungskräfte meist jährlich mit ihren Mitarbeitern führen. Sie finden zu verschiedenen Anlässen statt, die hier kurz angerissen werden, um dann später noch ausführlicher behandelt zu werden:

Feedbackgespräche

- Feedbackgespräche werden mehrmals im Jahr geführt, um dem betroffenen Mitarbeiter zeitnah eine Rückmeldung zu seinem Arbeits- und Sozialverhalten zu geben, sodass er in der Lage ist, sein Verhalten in der gewünschten Weise zu verändern bzw. weiterzuentwickeln (vgl. Kap. 7.4.1).

- Beurteilungs- und Zielvereinbarungsgespräche sind zwei verschiedene Varianten von Gesprächen, die zumeist dann zum Einsatz kommen, wenn ein Unternehmen über ein leistungsorientiertes Entgeltsystem verfügt. Bei beiden Gesprächsformen erhält der Mitarbeiter einen Überblick über sein Verhalten oder seine Leistungen im zurückliegenden

Beurteilungsgespräch

Beurteilungszeitraum. Im Rahmen eines Beurteilungsgesprächs (Kap. 7.4.2) teilt der Vorgesetzte dem Mitarbeiter mit, wie er sein Arbeitsverhalten in Bezug auf die im Beurteilungssystem des Unternehmens festgelegten Kriterien einschätzt. Ein Zielvereinbarungsgespräch (Kap. 7.4.3)

Zielvereinbarungsgespräch

dient dazu, mit dem Mitarbeiter zu erörtern, inwieweit er seine Ziele in der vergangenen Periode erreicht hat, und neue Ziele zu vereinbaren.

Entwicklungs- oder Laufbahngespräch

- Entwicklungs- oder Laufbahngespräche (Kap. 7.4.4) dienen dazu, Entwicklungsziele und -maßnahmen zu besprechen. Sie sollten insbesondere mit neuen Mitarbeitern geführt werden, bei denen man ein großes Potenzial vermutet.

Kritikgespräch

- Eine weitere Form des Mitarbeitergesprächs sind Kritikgespräche (Kap. 7.4.1). Da Konflikte neben einer sachlichen oft auch eine starke oder sogar dominante Beziehungskomponente haben und da emotional aufgeladene Kommunikationsinhalte oft nur schwer zu verbalisieren sind, stellen sie eine besondere kommunikative Herausforderung dar. Dementsprechend ist hier eine geschickte, einfühlsame und nicht direktive Fragetechnik sehr hilfreich.

Gespräche im Rahmen von Change-Prozessen

- Im Rahmen von Veränderungsprozessen sind oft sehr viele Gespräche mit Mitarbeitern notwendig – einerseits um wertvolle Informationen zu erhalten, andererseits um die betroffenen Mitarbeiter zu beteiligen und sich so ihrer Akzeptanz zu versichern. Die Appreciative Inquiry (Kap. 8.3) und verschiedene Formen qualitativer Interviews (Kap. 8.4) sind dazu gut geeignet.

1.3.2 Grundmodell für Mitarbeitergespräche

Sofern es möglich ist, allgemeine Regeln für Erfolg verspre-
chende Mitarbeitergespräche aufzustellen, ist es sinnvoll, neben den in Kapitel 1.2 aufgeführten grundlegenden Gesprächsregeln auch einen „Fahrplan" einzuhalten.

Das folgende Grundmodell bietet einen solchen allgemeinen Fahrplan an, der an den konkreten Gesprächsanlass angepasst und je nach Bedarf verfeinert und differenziert werden
kann. Dieses Modell sollte allerdings eher auf große als auf
kleine Mitarbeitergespräche übertragen werden: Da kleine
Mitarbeitergespräche sehr oft spontan ablaufen und zum Teil
auch unter erheblichem Zeitdruck geführt werden, ist es bei
derartigen Gesprächen im Regelfall weder möglich noch sinnvoll, sich an ein Ablaufschema mit „komplexer Dramaturgie"
zu halten.

Grundmodell für Mitarbeitergespräche　　　　　　**PRAXIS**

Eröffnung und Kontaktaufnahme

In der Phase der Kontaktaufnahme begrüßen sich die Gesprächspartner in der Regel
zuerst gegenseitig. Je nach Anlass und Gesprächspartner kann es für den Gesprächs-
führenden wichtig sein, „das Eis zu brechen".

Bei unangenehmen Gesprächsthemen oder unbekannten Gesprächspartnern sollte
diese Phase etwas länger ausfallen. Einerseits kann sich der Gesprächspartner dann
besser an die Situation gewöhnen und seine etwaige Befangenheit ein wenig able-
gen, andererseits erfüllt diese Phase aber auch einen wichtigen Zweck im Ablauf des
Kommunikationsprozesses: Beide Gesprächspartner bekommen durch dieses kurze
Vorgespräch eine Ahnung davon, wie der jeweils andere denkt, momentan gestimmt
ist oder wie er formuliert. Dadurch können eine gemeinsame Gesprächsebene gefunden und Missverständnisse vermieden werden.

*SMALL TALK ODER ALLGEMEIN GEHALTENE UND SOMIT EINFACHE FRAGEN ZUM THEMA KÖNNEN
IN DIESER PHASE EINGESETZT WERDEN.*

Aber Achtung: Die Kontaktaufnahme sollte nicht zu lange dauern! Niemand möchte
lange auf die Folter gespannt werden – vor allem dann nicht, wenn er ein unange-
nehmes Gespräch befürchtet.

Positiver Einstieg

Nicht immer gibt es etwas, das am Gesprächspartner in diesem Moment positiv hervorgehoben werden kann oder muss. Und natürlich sollte man sich ein Lob, nur weil
es nun gerade in diese Gesprächsphase gehört, auch nicht aus den Fingern saugen.

Vielmehr geht es in dieser Phase darum, einen positiven Einstieg in das eigentliche Gesprächsthema zu finden. Ein guter Anknüpfungspunkt wäre beispielsweise ein Rückblick auf ein vorangegangenes erfolgreiches gemeinsames Gespräch, auf positive Veränderungen oder auf erste Erfolge und gute Leistungen des Gesprächspartners.

EIN POSITIVER EINSTIG SCHAFFT MOTIVATION, AUFMERKSAMKEIT UND KOOPERATIONSBEREITSCHAFT.

Das leuchtet unmittelbar ein, wenn Sie sich den umgekehrten Fall ausmalen: Ihr Gesprächspartner fällt abrupt mit seiner Kritik ins Haus ...

Informationsaustausch

In der Informationsaustauschphase sollen alle verfügbaren und für das Thema relevanten Informationen gesammelt werden. Wichtig ist es, dabei Bewertungen zu unterlassen. Beispielsweise sollte zuerst geklärt werden, was überhaupt passiert ist, ehe die Ereignisse bewertet und Konsequenzen aus ihnen gezogen werden.

Diese Phase hilft dabei, einen vollständigen Überblick zu erhalten, sachlich zu diskutieren und Missverständnisse oder Wissenslücken frühzeitig aufzudecken. Es ist wichtig, dass alle Gesprächspartner dazu kommen, ihre Sicht der Dinge zu schildern. Der Gesprächsführende sollte in dieser Phase viel mit offenen Fragen arbeiten, um alle wichtigen Informationen zu erhalten (vgl. Kap. 4.2.3) – und dazu gehören möglicherweise auch solche, die sein Gesprächspartner nicht für wichtig gehalten hat.

Nach der Informationssammlung sollten beide Gesprächspartner über den gleichen Wissens- und Informationsstand verfügen.

Planung

Als Nächstes erfolgt in der Planungsphase eine differenzierte Bewertung, an der im Regelfall der Vorgesetzte den größeren Anteil hat. Dennoch sollte auch der betroffene Mitarbeiter offen und unvoreingenommen angehört werden. Danach kann gemeinsam nach einer Lösung gesucht werden.

Wie in der vorangegangenen Phase ist es für den Gesprächsführenden jetzt sinnvoll, durch den Einsatz unterschiedlicher Fragetechniken auszuloten,

- ob der Gesprächspartner die Bewertung versteht und akzeptiert,
- welche Ideen er zur Lösung beisteuern kann,
- welche Möglichkeiten er zur Umsetzung bestimmter Maßnahmen sieht,
- ob er die besprochenen Konsequenzen akzeptiert und bereit ist, motiviert an deren Verwirklichung mitzuarbeiten.

Natürlich kann eine Führungskraft auch im Alleingang Konsequenzen ziehen, Maßnahmen planen und deren Umsetzung anordnen. Das würde aber der bisher beschriebenen Vorgehensweise widersprechen; außerdem würde sie so die effiziente Umsetzung der Maßnahmen und die Motivation ihres Gesprächspartners gefährden.

Abschluss

Zum Abschluss sollten die besprochenen Punkte – vor allem die geplanten Maßnahmen – noch einmal zusammengefasst werden.

DER GESPRÄCHSFÜHRENDE SOLLTE SEINEM GEGENÜBER AM ENDE DES GESPRÄCHS SEIN VERTRAUEN AUSSPRECHEN.

Falls das nicht möglich ist, sollte der Gesprächsführer kritisch mit sich ins Gericht gehen. Er hätte dann nämlich zusammen mit seinem Gesprächspartner Maßnahmen geplant, deren Verwirklichung er selbst nicht für realistisch hält.

Danach folgt die Verabschiedung.

Welche Techniken sind in den verschiedenen Phasen des Mitarbeitergesprächs besonders wichtig? Natürlich sind die Arbeit mit Zusammenfassungen, die Einhaltung der Feedbackregeln (Kap. 2.3.2), die Verwendung von Ich-Botschaften (Kap. 2.3.4) und viele andere Kommunikationstechniken wichtig und sinnvoll.

GEZEIGT HAT SICH ABER VOR ALLEM, DASS AUSGEFEILTE FRAGETECHNIKEN SEHR HILFREICH SIND; SIE KÖNNEN IN ALLEN PHASEN DES MITARBEITERGESPRÄCHS MIT GROSSEM GEWINN EINGESETZT WERDEN (VGL. KAP. 4).

Im oben erläuterten Gesprächsschema ist der Interviewcharakter des Mitarbeitergesprächs vor allem in den Phasen Kontaktaufnahme, Information und Maßnahmenplanung deutlich geworden. In jeder dieser drei Phasen sollten Fragen zum Einsatz kommen.

Die Nähe von Mitarbeitergesprächen zu Interviews wird oft auch im allgemeinen Sprachgebrauch in Unternehmen deutlich, wenn beispielsweise anstatt von Bewerbungs- oder Auswahlgesprächen von „Einstellungsinterviews" oder (im Falle einer internen Stellenbesetzung) von „Auswahlinterviews" die Rede ist.

Nähe von Mitarbeitergesprächen zu Interviews

Aufgrund dieser Nähe von Mitarbeitergesprächen zu Interviews sollte man sich nicht nur mit Kommunikationstechniken und den Regeln der Gesprächsführung beschäftigen, sondern auch und vor allem Grundlagen der Interviewtechnik (vgl. Kap. 3) und Fragetechniken (vgl. Kap. 4) nutzen.

2 GRUNDLAGEN DER GESPRÄCHSFÜHRUNG

2.1 Kommunikationsmodelle

2.1.1 Das klassische Kommunikationsmodell und seine Erweiterung

Nachdem wir in Kapitel 1.1.2 Kommunikation definiert haben, wollen wir uns nun mit einigen wichtigen Modellen beschäftigen, die dabei helfen, die Struktur von Kommunikationsprozessen besser zu verstehen.

Sender-Empfänger-Modell

Das klassische Modell aus der Informationstheorie (Shannon & Weaver, 1976) definiert Kommunikation als Übermittlung einer Nachricht von einem Sender an einen Empfänger:

- Der Sender kodiert eine Nachricht in eine Botschaft.
- Er übermittelt diese Botschaft auf einem Kommunikationskanal (z.B. im direkten Gespräch, am Telefon, per E-Mail) an den Empfänger.
- Der Empfänger dekodiert die Botschaft.
- Auf ihrem Weg vom Sender zum Empfänger kann die Botschaft auf vielfältige Weise gestört werden, im direkten Gespräch beispielsweise durch zu laute Umgebungsgeräusche, am Telefon durch Übertragungsstörungen etc.

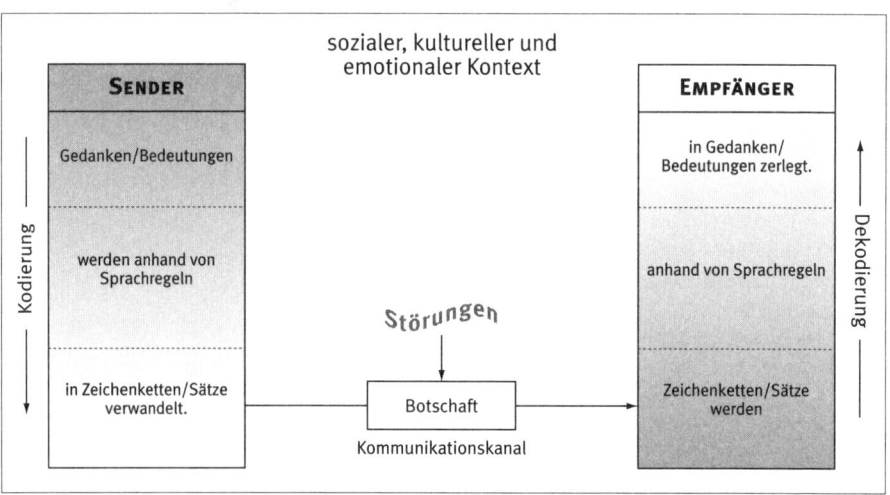

Abb. 1: Das Sender-Empfänger-Modell nach Shannon & Weaver

Zur Kodierung und Dekodierung der Nachricht werden verschiedene Sprachregeln herangezogen:

- Phonetische Regeln regulieren die Art und Weise, wie Worte ausgesprochen und betont werden sollten.
- Syntaktische Regeln bestimmen den Satzbau.
- Semantische Regeln legen die Bedeutung eines Wortes oder Begriffs fest. Ein Begriff kann dabei je nach Zusammenhang unterschiedlichste Bedeutungen haben.
- Pragmatische Regeln beziehen sich auf den soziokulturellen Kontext. Sie bestimmen, was wann wie zu wem gesagt werden darf. So muss die gleiche Nachricht in verschiedenen Situationen oftmals unterschiedlich formuliert werden.

Sprachregeln zur Kodierung und Dekodierung einer Nachricht

Aus diesem Modell können nun verschiedene Grundregeln erfolgreicher Kommunikation abgeleitet werden:

1. Sender und Empfänger müssen grundsätzlich in der Lage sein, die gleichen Informationen zu verarbeiten.
2. Beide müssen mit den gleichen Sprachregeln arbeiten.
3. Beide müssen die gleichen Symbole (Wörter, Gesten) kennen und verwenden.
4. Sender und Empfänger sollten sich partnerorientiert verhalten. Der Sender sollte bei der Kodierung darauf achten, dass der Empfänger die Botschaft entschlüsseln kann, und der Empfänger sollte dem Sender ein Feedback darüber geben, wie er die Botschaft verstanden hat.
5. Und schließlich darf die Botschaft auf ihrem Weg vom Sender zum Empfänger nicht zu stark gestört werden.

Ableitungen aus dem Sender-Empfänger-Modell

Angesichts der Tatsache, dass niemand ausschließlich Sender oder ausschließlich Empfänger einer Botschaft ist, bedarf das soeben erläuterte klassische Kommunikationsmodell einer Erweiterung (Herrmann, 1994). Schließlich nimmt man, während man etwas sagt, in der Regel die Reaktionen des Gegenübers wahr und ist dadurch automatisch gleichzeitig Sender und Empfänger. Die Beobachtung der Reaktionen des Gegenübers kann darüber hinaus dazu führen, dass man seine Botschaft noch während der Übertragung an möglicherweise geänderte Umstände anpasst.

Wie das vor diesem Hintergrund erweiterte Sender-Empfänger-Modell aussieht, zeigt Abb. 2.

Man ist immer zugleich Sender und Empfänger

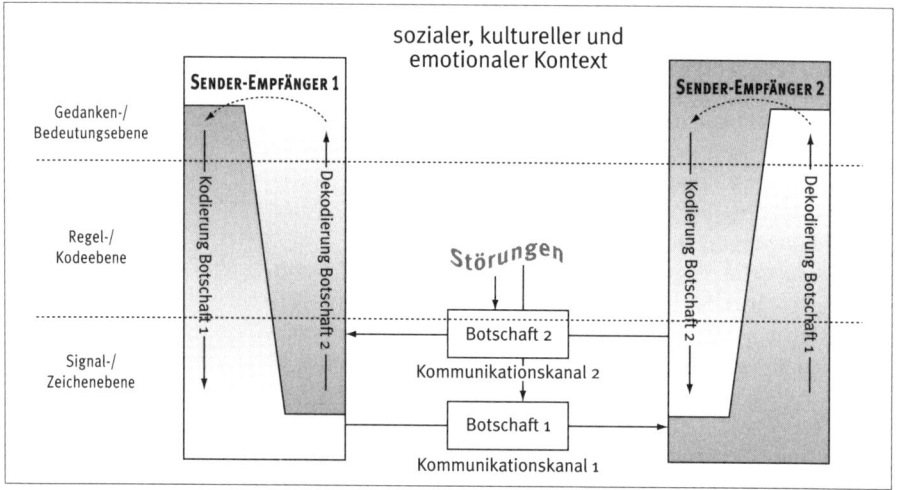

Abb. 2: Erweiterung des Sender-Empfänger-Modells nach T. Herrmann

2.1.2 Das Kommunikationsquadrat

Die in Kapitel 2.1.1 dargestellten Modelle befassen sich mit der formalen Struktur und den formalen Abläufen von Kommunikation. Man kann sich diesem Thema aber auch von einer anderen Seite her nähern, indem man nämlich die inhaltlichen Aspekte untersucht. Das hat Friedemann Schulz von Thun (1981) mit der Entwicklung des Kommunikationsquadrats (auch bekannt als „Vier-Ohren-Modell") getan. Er geht davon aus, dass jede Nachricht vier Seiten bzw. Ebenen hat und dass jeder Mensch entsprechend viele „Ohren" braucht, um die vier Nachrichtenaspekte entschlüsseln zu können:

„Vier-Ohren-Modell"

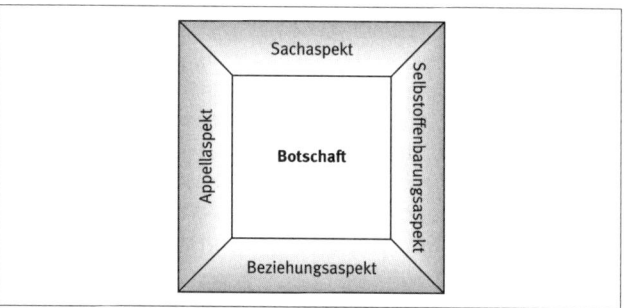

Abb. 3: Kommunikationsquadrat nach F. Schulz von Thun

KOMMUNIKATIONSMODELLE

- Sachaspekt: Was wird gesagt? Was ist der reine Informationsgehalt einer Botschaft?
- Selbstoffenbarungsaspekt: Wer sagt es? Wie stellt der Sender sich mit dieser Botschaft dar? Was sagt er damit über sich selbst aus?
- Beziehungsaspekt: Wie wird es gesagt? Was hält der Sender vom Empfänger? Wie steht er zu ihm?
- Appellaspekt: Was möchte der Sender beim Empfänger erreichen, was soll der Empfänger denken, fühlen oder tun?

Ein Beispiel soll diese vier Aspekte einer Nachricht veranschaulichen. Nehmen wir an, eine Führungskraft sagt zu ihrem Mitarbeiter „Sie kommen schon wieder zu spät, Herr Mayer!":   *Beispiel*

- Diese Äußerung kann eine bloße Sachinformation ohne jede Bewertung sein, so als wolle die Führungskraft Herrn Mayer darüber informieren, wie seine Arbeitszeiten sind (Sachaspekt).
- Wahrscheinlicher ist, dass mit der Äußerung implizit die Aufforderung verbunden ist, künftig pünktlich zu kommen (Appellaspekt), auch wenn das wörtlich nicht gesagt wird.
- Ebenso wahrscheinlich ist es, dass der angesprochene Mitarbeiter die Äußerung als Rüge interpretiert, sie eventuell sogar persönlich nimmt und im Sinne von „Sie sind ein unpünktlicher Mensch und ein unzuverlässiger Mitarbeiter" interpretiert (Beziehungsaspekt). Die Folgen kann sich jeder leicht selbst ausmalen.
- Schließlich ist es auch möglich, dass Herr Meyer die Äußerung seines Chefs als Zeichen dafür deutet, dass dieser sich wichtig machen möchte (Selbstoffenbarungsaspekt).

Dieses Beispiel zeigt deutlich, dass beide Gesprächspartner denselben Aspekt einer Botschaft berücksichtigen müssen, damit die Kommunikation erfolgreich ist. Natürlich kann Kommunikation auch sabotiert werden, indem der Sender dem Empfänger einen Aspekt einer Botschaft anbietet, tatsächlich aber einen anderen meint. Er hätte dann nicht einmal gelogen. Umgekehrt kann der Empfänger das Gleiche tun, indem er eine Botschaft absichtlich falsch interpretiert.

FÜR GELINGENDE KOMMUNIKATION SIND BEIDE PARTNER VERANTWORTLICH!

2.2 Nonverbale Kommunikation

2.2.1 Glaubwürdigkeit

Übereinstimmung von verbalen und nonverbalen Signalen

Um richtig verstanden zu werden, müssen verbale und nonverbale Kommunikation übereinstimmen. Üblicherweise werden die meisten Informationen nonverbal, also durch Gesten, Mimik etc. ausgetauscht. Da das aber zumeist unbewusst geschieht, können sich leicht Differenzen zur bewusst gesendeten verbalen Botschaft einschleichen. Als Empfänger einer solchen widersprüchlichen Botschaft neigt man meist ganz automatisch dazu, die nonverbale Seite der Botschaft für wahrer und glaubwürdiger zu halten.

Nonverbale Kommunikation wird selten bewusst beobachtet und interpretiert. Sie löst Reaktionen unvermittelter aus als verbale Kommunikation. Wer überzeugend und glaubwürdig auftreten möchte, muss also besonders darauf achten, dass verbale und nonverbale Botschaft übereinstimmen.

Nonverbale Kommunikationskanäle

Speziell in Gesprächs- und Interviewsituationen ist es also wichtig, auf die nonverbale Kommunikation seines Gesprächspartners zu achten, um seine Äußerungen richtig einschätzen zu können. Die wichtigsten nonverbalen Kommunikationskanäle, die Sie dabei beachten sollten, sind:

- Mimik, Blickkontakt und Pupillenweite,
- Gestik,
- Körperhaltung,
- territoriale Aspekte (Wie raumgreifend ist Ihr Gesprächspartner, wie nah kommt er Ihnen?) und Sitzordnung,
- Berührungen und Körperkontakte,
- stimmliche Aspekte,
- nicht sprachliche Lautäußerungen.

DIE ÜBEREINSTIMMUNG VON KÖRPER, STIMME UND INHALT IHRER BOTSCHAFT MACHT SIE ZU EINEM ANGENEHMEN UND GLAUBWÜRDIGEN GESPRÄCHSPARTNER.

2.2.2 Problemsituationen

Vor allem dann, wenn auch kritische Themen zur Sprache kommen können, sollten Sie in Gesprächs- und Interviewsituationen darauf achten, dass sich Ihr Gesprächspartner den Umständen entsprechend wohl fühlen kann. Versuchen Sie dazu, ein Gleichgewicht zwischen Intimität und Distanz herzustellen, das für Sie beide angenehm ist. Achten Sie zu diesem Zweck beispielsweise auf die folgenden nonverbalen Signale Ihres Gesprächspartners.

Auf die nonverbalen Signale des Gesprächspartners achten

- Lehnt er sich zurück oder beugt er sich vor?
- Dreht er sich von Ihnen weg oder zu Ihnen hin?
- Vermeidet er Blickkontakt oder sucht er ihn?
- Wirkt er unruhig oder ist er entspannt?
- Spricht er schnell, macht er wenige Pausen und moduliert er seine Stimme aufgeregt oder verändert sich seine Stimme nicht?

Wenn Sie die Signale, die Ihr Gesprächspartner aussendet, erkennen und richtig einschätzen, können Sie auch auf der nonverbalen Ebene auf ihn eingehen, indem Sie

Auf nonverbaler Ebene auf den Gesprächspartner eingehen

- sein Verhalten spiegeln,
- einen ihm angenehmen Abstand zu ihm halten bzw. eine geeignete Sitzordnung wählen,
- ihn durch Blickkontakt beachten, ohne ihn anzustarren,
- ihm dadurch Respekt entgegenbringen, dass Sie sich ihm körperlich zuwenden,
- eine ruhige und entspannte Körperhaltung zeigen, ohne dabei zu lässig zu sein.

Führen Sie folgendes Gedankenexperiment durch, um sich der Bedeutung nonverbaler Signale in einem Gespräch bewusst zu werden:

Beispiel — PRAXIS

Sie werden von Ihrem Vorgesetzten zum jährlichen Beurteilungsgespräch geladen. Da Sie nicht wissen, wie Ihr Chef Ihre Leistung des vergangenen Jahres einschätzt, sind Sie verunsichert. Eines Ihrer Projekte ist nicht wie geplant gelaufen und Sie befürchten daher, mit einigen unangenehmen „Wahrheiten" konfrontiert zu werden, und würden diesem Gespräch lieber aus dem Weg gehen.

Zum vereinbarten Zeitpunkt finden Sie sich bei Ihrem Chef ein, klopfen an seine Bürotür und werden kurz angebunden zum Eintreten aufgefordert. Da Ihr Vorgesetzter noch mit irgendeinem Dokument beschäftigt ist, stehen

Sie mitten im Büro. Als er dann endlich zum Gespräch bereit ist, heißt er Sie ihm gegenüber an seinem übergroßen Schreibtisch Platz zu nehmen. Bevor das Gespräch richtig begonnen hat, wird er durch ein mehrminütiges Telefonat unterbrochen.

Wider Erwarten beginnt er mit positiven Bewertungen, sechs an der Zahl, die er, ohne Sie anzuschauen, locker und lässig in seinen Lehnstuhl gelehnt vorträgt. Er schaut dabei die ganze Zeit abwesend lächelnd zu seiner Zimmerpflanze hinüber. Als er dann zur ersten der beiden negativen Bewertungen kommt, wendet er sich Ihnen ruckartig zu, lehnt sich Ihnen über den Schreibtisch gebeugt entgegen, sodass Sie fast seinen Atem spüren können, und fixiert Sie unablässig. Sie trauen sich nicht, seinem Blick auszuweichen oder Ihren Stuhl etwas zurückzuschieben. Das zweite negative Beurteilungskriterium erklärt er Ihnen, während er meistenteils hinter Ihrem Rücken durch sein Büro marschiert. Als er seine Ausführungen beendet hat, stellt er sich dicht hinter Sie, sodass sein geöffnetes Jackett Ihr Hemd berührt, und fordert Sie auf, Ihre Sicht der Dinge vorzutragen.

Wie würden Sie sich in einem solchen Gespräch fühlen? Bliebe Ihnen in Erinnerung, dass Sie mehr gelobt als getadelt wurden? Wie schätzen Sie den weiteren Verlauf des Gesprächs bzw. der Befragung ein? Würden Sie als Mitarbeiter offen und ehrlich Ihre Meinung sagen, sich respektiert fühlen und die gestellten Fragen ausführlich und frei beantworten?

2.3 Kommunikationstechniken

2.3.1 Zuhören

Dass dieses Kapitel über Kommunikationstechniken ausgerechnet mit dem Zuhören beginnt, ist kein Missgeschick in der Sortierung der Abschnitte. Anderen etwas mitzuteilen ist ein menschliches Grundbedürfnis. Die Fähigkeit und die Bereitschaft, dem Gegenüber wirklich aufmerksam, offen und interessiert zuzuhören, ist dagegen weniger weit verbreitet. Dabei ist diese Fähigkeit für das Gelingen von Kommunikation von ausschlaggebender Bedeutung.

Zuhören ist für das Gelingen von Kommunikation von ausschlaggebender Bedeutung

Gerade wenn Sie Ihren Gesprächspartner etwas gefragt haben, also aktiv um Informationen gebeten haben, ist Zuhören
eigentlich eine Selbstverständlichkeit. Neben Informationen
gewinnen Sie durch Zuhören aber auch das Vertrauen Ihres
Gesprächspartners.

Man kann verschiedene Formen des Hörens und Zuhörens unterscheiden (vgl. Werner, 2005):

*Formen des Hörens und
Zuhörens*

- HÖREN: Hören ist die ungefilterte Aufnahme akustischer
  Signale.
- HINHÖREN: Dieser Begriff bezeichnet die selektive Aufnah-
  me bestimmter akustischer Signale.
- ZUHÖREN: Jemand, der zuhört, nimmt gezielt akustische
  Signale auf, um das Gesagte und mithin den Gesprächs-
  partner zu verstehen.
- SELEKTIVES ZUHÖREN: Wer selektiv zuhört, hört nur bei be-
  stimmten für ihn interessanten oder relevanten Informa-
  tionen zu.
- AUFMERKSAMES ZUHÖREN: Einen aufmerksamen Zuhörer
  erkennt man an seinen Aufmerksamkeitsreaktionen (z.B.
  interessierter Gesichtsausdruck, Bestätigungslaute).
- AKTIVES ZUHÖREN: Diese Art des Zuhörens ist ein komplexer
  Prozess, der aus den Schritten Signalaufnahme, Verständ-
  nisprüfung und Ermunterung zum Weiterreden besteht.

Den Begriff des aktiven Zuhörens prägte der US-amerikanische Psychologe Carl R. Rogers.

Aktives Zuhören

Durch aktives Zuhören zeigt man dem Gesprächspartner,
dass man ihn und das, was er sagt, ernst nimmt. Mithin soll er
dadurch auch zum Weiterreden animiert werden. Das setzt eine offene, empathische Grundhaltung, authentisches Auftreten und eine positive Einstellung gegenüber dem Gesprächspartner voraus. Aktives Zuhören ist also in jeglicher Art von
Kommunikation sinnvoll und wünschenswert.

Ganz besonders sollte man sich in Gesprächssituationen,
in denen es darum geht, Informationen vom Gegenüber zu erhalten und seinen persönlichen Standpunkt zu erkennen, um
aktives Zuhören bemühen. Denn wer aktiv zuhört, registriert
körpersprachliche Begleitsignale und ordnet sie ein, bemerkt
Veränderungen in der Stimme des Sprechers und kann so die
wahre Bedeutung des Gesagten ermessen.

Hilfsmittel für das aktive
Zuhören

Zur Umsetzung des aktiven Zuhörens in die Praxis gibt es verschiedene Hilfsmittel:

- NONVERBALE SIGNALE: Zuwendung des Körpers, Nicken, Blickkontakt, mimische und gestische Signale
- BESTÄTIGUNGSLAUTE wie „Hmm", „Ah", „Ach", „So", „Ja"
- SPRACHLICHE SIGNALE: Paraphrasieren, gezieltes Nachfragen, Zusammenfassen, Anbieten von Interpretationen

Wichtig ist es dabei, die eigene Meinung nur zurückhaltend kundzutun, um den Gesprächspartner nicht einzuschüchtern oder zu verunsichern. Das setzt selbstverständlich auch voraus, dass man geduldig ist, den Gesprächspartner nicht unterbricht und ihn ausreden lässt. Entstandene Gesprächspausen sollte man aushalten.

Diese Form der Akzeptanz und des Bemühens um Verständnis bedeutet keineswegs, dass man die vom Gegenüber geäußerte Meinung zwangsläufig gutheißt oder teilt. Aber auch wenn Vorwürfe oder Kritik geäußert werden, muss der Zuhörer

Beispiel für den Umgang
mit Kritik

Ruhe bewahren und sich zurückhalten. Wenn ein Mitarbeiter z.b. zu seinem Projektleiter sagt: „Dieses Reorganisationsprojekt bringt uns nur Scherereien", sollte der Angesprochene sich dadurch nicht aus der Ruhe bringen lassen, sondern in ruhigem Tonfall nachhaken – etwa so: „Sie meinen also, das Projekt sei nicht sinnvoll für das Unternehmen?"

In der speziellen Situation eines Bewerbungsgesprächs oder, wenn es darum geht, die Meinung eines Mitarbeiters zu erfragen, sollten manche Techniken des aktiven Zuhörens nur sehr dosiert eingesetzt werden. Durch bestärkende Laute oder Kopfnicken beispielsweise kann der Eindruck einer Erwünschtheit bestimmter Antworten und Informationen entstehen, der die Antworten verzerren wird.

NEBEN DEM AKTIVEN ZUHÖREN IST ES BESONDERS IN KRITISCHEN GESPRÄCHSSITUATIONEN AUCH WICHTIG, SEHR GENAU ZUZUHÖREN.

Da hier die Tendenz besteht, jedes Wort auf die Goldwaage zu legen, der Sprecher vielleicht sogar gezielt einen bestimmten Eindruck oder Anschein erwecken möchte, ist es besonders wichtig, sich mit Interpretationen zurückzuhalten und das wirklich Gesagte genau zu erfassen.

2.3.2 Zusammenfassungen und Feedback

In einer Diskussion ist es wichtig, mit Zusammenfassungen des Gesagten zu arbeiten. Auf diese Weise können Sie feststellen, ob Sie Ihren Gesprächspartner richtig verstanden haben und ob er Sie richtig verstanden hat. So lassen sich zum einen Missverständnisse vermeiden und zum anderen kann man dadurch in schwierigen Gesprächssituationen die gemeinsame Basis betonen, um einen eventuell aufkeimenden Konflikt frühzeitig zu deeskalieren.

KONSEQUENT EINGESETZT ZWINGEN UNS ZUSAMMENFAS-SUNGEN DAZU, UNSEREM GEGENÜBER RICHTIG ZUZUHÖREN, UND SIE VERHINDERN, DASS DISKUSSIONEN ALLZU HITZIG WERDEN.

Jemandem Feedback zu geben bedeutet, ihm mitzuteilen, wie sein Verhalten oder seine Äußerung gewirkt hat bzw. angekommen ist. Es eröffnet damit eine Bandbreite von Möglichkeiten, den weiteren Gesprächsverlauf zu steuern.

Zusammenfassungen und Feedback kann man beispielsweise mit den folgenden Formulierungen einleiten:

Formulierungen für Zusammenfassungen und Feedback

* „Habe ich Sie richtig verstanden? Sie meinen also ...“
* „Wenn ich Sie richtig verstanden habe, finden Sie, dass ...“
* „Wie ist das bei Ihnen angekommen?“
* „Sie sind der Meinung, wir sollten unser Gespräch folgendermaßen fortsetzen: ... Ist das richtig?“
* „Einen Moment bitte, ich glaube, wir haben uns da missverstanden. Ich meinte ...“

Zusammenfassungen und Feedback kann man sowohl auf den Inhalt der Kommunikation als auch auf Methoden oder Umgangsformen beziehen. Nutzen Sie Zusammenfassungen auch in dieser Weise. Sie schaffen so Klarheit und Transparenz in der Kommunikation. *Beispiele:*

* „Sie sind gerade sehr persönlich geworden. Das stört mich. Können Sie bitte wieder ruhiger werden, damit wir sachlich weiter diskutieren können?“
* „Nach meiner Meinung haben Sie die Entscheidungsfindung zu Ihren Gunsten beeinflusst. Wir sollten die Vorgehensweise nochmals überdenken, bevor wir weiter diskutieren.“

Vermutlich wird Ihr Gesprächspartner auf diese Art von Feedback mit einer Entschuldigung reagieren und ruhiger werden.

Wenn Sie Ihrem Gesprächspartner im Rahmen einer Zusammenfassung oder eines Kritik- oder Beurteilungsgesprächs ein Feedback geben, dann achten Sie darauf, dass es den folgenden Feedbackgütekriterien entspricht:

Feedbackgütekriterien

Feedbackregeln — PRAXIS

① KORREKT
Grundvoraussetzung ist, dass das Feedback wahrheitsgemäß ist. Feedback aufgrund von Hörensagen, Gerüchten oder Aussagen Dritter verbietet sich.

② BESCHREIBEND STATT BEWERTEND
Vermeiden Sie moralische Bewertungen. Dadurch vermindern Sie den Drang Ihres Gesprächspartners, Ihre Äußerung abzulehnen und sich zu verteidigen. Zudem sollte zuerst geklärt werden, was wirklich geschehen ist, ehe bewertet wird und Konsequenzen gezogen werden.

③ KONKRET STATT ALLGEMEIN
Wenn man jemandem sagt, er sei dominierend, so ist das nicht konstruktiv. Viel mehr hat er von dieser Äußerung: „Ich hatte das Gefühl, dass du mich persönlich angreifen würdest, wenn ich deinen Argumenten nicht zustimme."

④ VERHALTENSBEZOGEN STATT PERSONENBEZOGEN
Formulierungen wie „Du bist unpünktlich" beziehen die ganze Person mit ein. Der Angesprochene wird sich gegen ein solches Pauschalurteil, nicht ganz unberechtigt, verteidigen. Feedback sollte verhaltensbezogen sein, damit es auf einer sachlichen Ebene prüfbar ist: „Du bist diese Woche jeden Tag zehn Minuten zu spät gekommen."

⑤ LÖSUNGS- UND ZUKUNFTSORIENTIERT STATT PROBLEM- UND VERGANGENHEITSORIENTIERT
Der Fehler ist schon aufgetreten. Ihn immer weiter zu analysieren und Schuldige dafür zu suchen, ist nur bedingt hilfreich. Aber es ist sehr viel einfacher, als sich mit einem Problem auseinanderzusetzen und dem Betreffenden

konstruktive Hinweise für sein zukünftiges Verhalten zu geben. Effektiver und nicht zuletzt auch motivierender ist es, sich damit auseinanderzusetzen, wie der gleiche Fehler in Zukunft vermieden werden kann.

⑥ DIFFERENZIERT STATT PAUSCHAL

Lob und Kritik sollten sich abwechseln. Niemand hat nur Fehler.

⑦ ANGEMESSEN

Feedback kann zerstörend wirken, wenn der Feedbackgeber dabei nur auf eigene Bedürfnisse achtet und die Bedürfnisse des Feedbackempfängers nicht genügend berücksichtigt. Beachten Sie bei Ihrer Wortwahl, dass es bei Ihrem Feedback nicht um Sie geht, sondern um die Person, der Sie diese Information geben wollen.

⑧ BRAUCHBAR

Rückmeldungen müssen sich auf Verhaltensweisen beziehen, die der Empfänger ändern kann. Wenn jemand auf Unzulänglichkeiten aufmerksam gemacht wird, die er nicht ändern kann, fühlt er sich nur umso mehr frustriert.

⑨ ERBETEN STATT AUFGEZWUNGEN

Feedback ist am wirksamsten, wenn der Empfänger darum bittet bzw. ihm zumindest offen gegenübersteht. Natürlich können Sie als Führungskraft nicht immer darauf warten, dass Ihr Mitarbeiter um Feedback bittet. Ganz sicher aber können Sie den Mitarbeiter, ehe Sie mit dem Feedback herausplatzen, fragen, ob er ein Feedback wünscht. Diese Frage dürfte kaum jemand verneinen.

⑩ ZEITNAH

Normalerweise ist Feedback umso wirksamer, je kürzer die Zeit zwischen dem betreffenden Verhalten und der Information über die Wirkung dieses Verhaltens ist. Dennoch ist es manchmal sinnvoll, die oft zitierte Nacht darüber zu schlafen, um nicht zu emotional in das Gespräch zu gehen.

⑪ DIREKT, KORREKT, KLAR UND VERSTÄNDLICH

Feedback sollte nicht vom Hörensagen kommen. Es muss eindeutig und verständlich gegeben werden. Ob es richtig verstanden wurde, lässt sich überprüfen, indem man den Empfänger um eine Zusammenfassung bittet.

2.3.3 Formulierungstechnik

So genannte „Selbstmordwörter" oder „Weichmacher" lassen den Sprecher unsicher und wenig kompetent wirken, seine Aussage wird dadurch – so gründlich sie auch vorbereitet sein mag – abgeschwächt und weniger aussagekräftig. Klare, eindeutige und verständliche Formulierungen sind also wichtig, um auch wirklich die Informationen zu transportieren, die man vermitteln möchte.

VERMEIDEN SIE DAHER SO WEIT MÖGLICH EINSCHRÄNKENDE BEGRIFFE (Z.B. „EIGENTLICH", „IM PRINZIP") UND DEN KONJUNKTIV („SOLLTE", „WÄRE", „HÄTTE", „MÜSSTE" ETC.).

Persönlich formulieren

Ebenso problematisch wie der Gebrauch von relativierenden Formulierungen und Konjunktiv ist es, wenn Sie Ihren Gesprächspartner nicht direkt ansprechen, sondern statt „ich", „du" oder „Sie" lieber Formulierungen mit „jemand", „man" oder „es" verwenden. Formulieren Sie persönlich. Sagen Sie statt „Es sollte mehr auf die Einhaltung der Qualitätsnormen geachtet werden" lieber „Sie sollten stärker auf die Einhaltung der Qualitätsnormen achten".

Verben im Aktiv verwenden

Verständlicher und dynamischer formulieren Sie auch dann, wenn Sie weniger Hauptwörter und stattdessen verstärkt Verben im Aktiv verwenden. Außerdem sollten Sie darauf achten, Ihren Gesprächspartner nicht mit Fach- und Fremdwörtern zu überhäufen. Den Satz „Die Erstellung von Textbausteinen, die Anfertigung von Programmierbarkeitsanalysen und die Überwachung der Texthandbuchverwendung wird von Ihnen in der Durchführung nicht sorgfältig genug gehandhabt" sollten Sie also besser so formulieren: „Sie sind nicht sorgfältig genug, wenn Sie Textbausteine erstellen, Programmierbarkeitsanalysen anfertigen und die Verwendung des Texthandbuches überwachen."

Reizwörter

Reizwörter wie „Problem" oder „Fehler", die negative Assoziationen hervorrufen, schaden der Kommunikation, da sie bewusst oder unbewusst Widerspruch provozieren. Es besteht die Gefahr, dass sich der Zuhörer der Aussage verschließt.

VERMEIDEN SIE PAUSCHALISIERUNGEN UND DROHUNGEN UND LASSEN SIE BEI IHREM GESPRÄCHSPARTNER NICHT DEN EINDRUCK ENTSTEHEN, SIE SETZTEN IHN UNTER DRUCK.

Der eigenen Aussage schadet man ebenfalls mit so genannten *Killerphrasen*
Killerphrasen. Als Killerphrasen bezeichnet man Sätze oder
Satzteile, mit denen man die sachliche Kommunikationsebene
verlässt und durch die eine Diskussion abgewürgt wird. Sie
vermitteln dem Zuhörer den Eindruck, man bringe ihm nicht
genügend Respekt entgegen. In der Folge sinkt dessen Moti-
vation, sich mit der Aussage auseinanderzusetzen, und das
Gesprächsklima verschlechtert sich. *Beispiele:*
- „Sie als Psychologe müssen doch wissen, dass Menschen
  nicht so denken."
- „Mit meiner Erfahrung kann ich beurteilen, dass das nicht
  geht!"
- „Mit gesundem Menschenverstand kann man sehen, dass
  dieses Konzept nicht aufgeht."
- „Das haben wir schon immer / noch nie so gemacht!"
- „Als Experte sage ich Ihnen: Diese Strategie funktioniert
  nicht!"
- „Sie müssen entschuldigen, aber das geht so nicht."
- „Sie dürfen das nicht miteinander vergleichen."
- „Wollen *Sie* dafür etwa die Verantwortung übernehmen?"

Die große Kunst, ein angenehmes Gesprächsklima zu schaffen
und das Gespräch in gewünschter Weise zu führen, besteht
darin, positiv zu formulieren. Das bedeutet nicht, dass man *Positiv formulieren*
unangenehme Wahrheiten tarnt oder nicht ausspricht.

*FORMULIEREN SIE KONSTRUKTIV-MOTIVIEREND, KONZEN-
TRIEREN SIE SICH AUF POSITIVE ODER PROBLEMLÖSENDE
ASPEKTE UND DRÜCKEN SIE SICH KLAR UND VERSTÄNDLICH
AUS.*

Um das zu erreichen, sollten Sie folgende Tipps beherzigen:
- Formulieren Sie so, dass das Glas halb voll und nicht halb
  leer ist.
- Gehen Sie bei Ihren Aussagen darauf ein, was hilfreich ist,
  was getan werden muss oder was möglich ist. Was nicht
  geht, falsch oder verboten ist, müssen Sie nicht ausführlich
  darstellen.

Lesen Sie die folgenden beiden Redeanfänge und überlegen
Sie: Wer macht es besser – Redner A oder Redner B?

- Redner A: „Bitte entschuldigen Sie, meine Damen und Herren, diese Woche hatte ich sehr viel zu tun. Dauernd musste ich mich um andere Sachen kümmern. Leider hatte ich deshalb nur wenig Zeit für die Vorbereitung meines Vortrags. Ich versuche aber trotzdem, Ihnen den Lagebericht zu erläutern."

- Redner B: „Sehr geehrte Damen und Herren, aufgrund unserer guten Auftragslage sind wir im Moment sehr angespannt, weshalb ich Ihnen mit dem Lagebericht die wesentlichen Punkte kurz und prägnant erläutern möchte."

2.3.4 Ich-Botschaften

Um Konflikte zu vermeiden, die in Beurteilungs- oder Kritikgesprächen leicht entstehen können, sollte man die versteckten Botschaften in seinen Äußerungen besonders beachten. Vieles von dem, was man achtlos sagt, enthält neben der inhaltlichen Aussage auch versteckte Angriffe. Um dieses latente Konfliktpotenzial nicht zu einer manifesten Auseinandersetzung werden zu lassen, sollten Sie sich der unterschiedlichen Wirkungsweise von Du- und Ich-Botschaften *Typische Du-Botschaften* bewusst werden. Typische Du-Botschaften sind:

- „Hören Sie auf damit!"
- „Du hast schon wieder ..."
- „Warum wollen Sie das nicht verstehen?"
- „Wieso hören Sie nicht auf damit?"
- „Du bist immer so ..."

Bei der Verwendung von Du-Botschaften laufen Diskussionen oft auf der Ebene gegenseitiger Beschuldigungen ab, da eine Du-Botschaft oftmals als pauschaler, auf die ganze Person bezogener Vorwurf aufgefasst wird. Eine für beide Seiten befriedigende Lösung wird unwahrscheinlich, weil man sich in gegenseitige Belehrungen, Verurteilungen oder Beschimpfungen hineinsteigert. Eine Du-Botschaft drängt den Gesprächspartner in eine Abwehrhaltung und zieht damit oft eine weitere Du-Botschaft nach sich. So entsteht eine destruktive Kommunikationsspirale, wie sie auch bei Streitigkeiten von Kindern beobachtet werden kann: „Du hast aber angefangen!" „Nein, du"! „Aber du hast doch ...!" Ähnliche Kreisläufe lassen sich auch bei Erwachsenen feststellen, deren Angriffe und Vorwürfe allerdings meist subtiler sind.

DA SIE SELBST DIE EINZIGE PERSON SIND, ÜBER DIE SIE ET-
WAS MIT SICHERHEIT AUSSAGEN KÖNNEN, SOLLTEN SIE VER-
SUCHEN, SICH AUF ICH-BOTSCHAFTEN ZU KONZENTRIEREN.

Sprechen Sie also nicht darüber, wie jemand ist oder wie er
sich verhält, sondern darüber, wie etwas auf Sie wirkt, oder
besser noch, welcher Eindruck dadurch bei Ihnen entsteht.
Ich-Botschaften zu senden heißt, mit den Menschen, denen
man begegnet, offen, ehrlich und direkt umzugehen. Ich-Botschaften haben verschiedene Vorteile:

Vorteile von
Ich-Botschaften

- Es erfolgt kein personenbezogenes Pauschalurteil. Ich-
  Botschaften stellen keinen Vorwurf da. Damit kann weiter
  auf der Sachebene kommuniziert werden.
- Die Formulierung einer Ich-Botschaft zeigt an, dass es sich
  bei der Äußerung um ein subjektives Empfinden des Sen-
  ders handelt, nicht um eine allgemein gültige Wahrheit.
- Eine Ich-Botschaft bezeichnet konkret das Problem. Eine
  Du-Botschaft bleibt auf dem Niveau eines unspezifischen
  Vorwurfs.
- Eine Ich-Botschaft ist eine Aufforderung zur Zusammenarbeit. Mit ihr bringt man ein Problem zum Ausdruck, ohne
  dem Gegenüber zu sagen, dass er daran die Schuld trägt
  und sich gefälligst ändern soll. Oft sind Sie gerade deshalb
  mit einer Ich-Botschaft erfolgreicher: Die meisten Menschen gehen nämlich bereitwilliger auf eine Bitte ein als auf
  Forderungen, Drohungen oder Belehrungen.
- Zwischen dem, was jemand ausdrücken möchte, dem, was
  er tatsächlich sagt, und dem, was beim Empfänger ankommt, bestehen bisweilen große Unterschiede. Deshalb
  ist es gut, sich bei seinen Formulierungen auf sich selbst zu
  konzentrieren. Dadurch erhält der Gesprächspartner ein
  wertvolles Feedback über die Wirkung seines Kommunika-
  tionsverhaltens, was dazu beiträgt, ein besseres gegensei-
  tiges Verständnis zu schaffen.

Ich-Botschaften sind allerdings auch riskant. Der Sender öffnet sich durch diese Botschaft für andere. Er kommuniziert
offen sein Befinden. Gerade in einer angespannten Gesprächssituation braucht es dazu Mut und Selbstsicherheit. Es ist auf
jeden Fall leichter (wenn auch nicht besser!), sich und seine
Empfindungen hinter einer Du-Botschaft zu verbergen und

Risiken von
Ich-Botschaften

dem Gesprächspartner die Schuld für diese zuzuschieben, als sich selbst zu öffnen.

Ich-Botschaften: Ebene 1 und Ebene 2 — PRAXIS

Man kann zwischen Ich-Botschaften der Ebene 1 und solchen der Ebene 2 unterscheiden:

ICH-BOTSCHAFTEN DER EBENE 1

... sind leicht zu formulieren, entfalten aber noch nicht das volle Potenzial einer wirklich guten Ich-Botschaft. Sie werden dadurch gebildet, dass man einer Aussage ein relativierendes „Ich bin der Meinung, ..." oder „Meiner Ansicht nach ..." voranstellt. Zwar wird ausgedrückt, dass es sich bei der Äußerung um die persönliche Meinung des Sprechers handelt, allerdings ist der Unterschied zwischen „Sie verhalten sich kindisch" und „Ich bin der Meinung, dass Sie sich kindisch verhalten" nicht sonderlich groß.

ICH-BOTSCHAFTEN DER EBENE 2

... bestehen aus folgenden drei Elementen:

* Das Verhalten, das nicht akzeptiert werden kann, ansprechen bzw. kurz beschreiben.

* Die aus diesem Verhalten resultierenden eigenen Gefühle ehrlich ausdrücken.

* Die konkreten Konsequenzen, die daraus für den Sprecher resultieren, benennen.

Beispiele:

* „Ich bin enttäuscht, dass der Termin abgesagt werden musste. Dadurch habe ich jetzt Probleme mit den Kunden." *(statt: „Ständig lassen Sie mich hängen.")*

* „Die Absprachen zwischen uns wurden nicht eingehalten. Ich habe Bedenken, dass mein Kunde mir jetzt abspringen könnte." *(statt: „Sie sind unzuverlässig, Sie haben mir einen Auftrag platzen lassen.")*

* „Ich fühle mich zurückgesetzt, weil Du mich so oft unterbrichst. Dadurch kann ich meine Ideen nicht einbringen." *(statt: „Du kannst mich nicht leiden und bist deswegen unfreundlich zu mir.")*

3 GRUNDLAGEN DER INTERVIEWTECHNIK

3.1 Begriffsbestimmung: Was ist ein Interview?

Ein Interview ist eine spezifische Form der Kommunikation, die sich leicht von anderen Kommunikationsformen abgrenzen lässt.

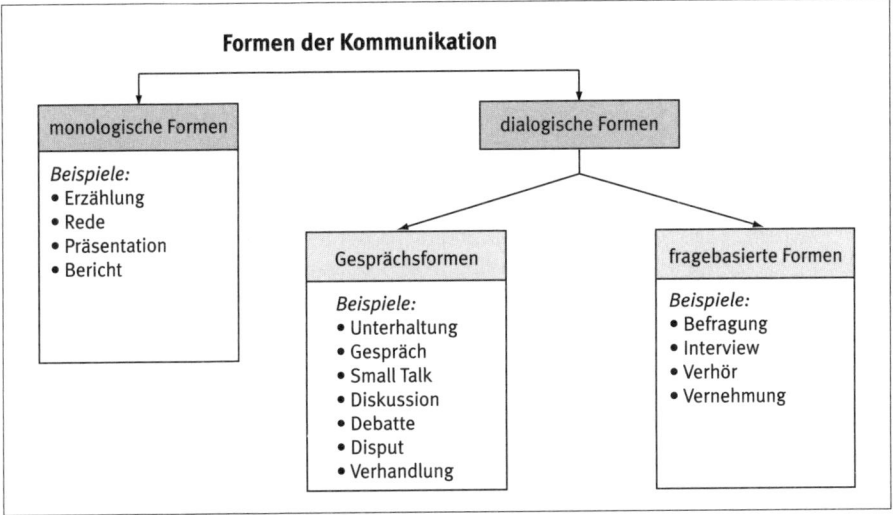

Abb. 4: Formen der Kommunikation

An einem Interview sind stets zwei oder mehrere Partner beteiligt. Während bei anderen Formen des Dialogs zwei Gesprächspartner gegenseitig Informationen austauschen und damit vor allem etwas über sich selbst aussagen, steht bei einem Interview immer derjenige Gesprächspartner im Zentrum der Aufmerksamkeit, der – freiwillig oder unfreiwillig – Informationen preisgeben soll. Die Gesprächssteuerung übt beim Interview vor allem derjenige Gesprächspartner aus, der etwas über den oder von dem anderen wissen möchte. Dies geschieht – getreu dem Motto „Wer fragt, der führt" – in erster Linie mithilfe von Fragen. Interviews sind also durch ein gewisses Machtungleichgewicht geprägt, das nicht zu groß werden sollte, da ein kooperativer Gesprächsstil im Allgemeinen bessere Informationen garantiert.

„Wer fragt, der führt"

*Weitere Formen der
Befragung: Vernehmung
und Verhör*

Neben dem Interview sind auch die Vernehmung und das Verhör – beide vor allem aus der Justiz bekannt – Formen der Befragung, die jedoch nicht Gegenstand dieses Buches sind. Sie werden einseitig gesteuert und sind in Bezug auf das gerade erwähnte Machtungleichgewicht autoritärer geprägt als Interviews.

Wenn der Begriff Interview fällt, hat jeder eine ungefähre Vorstellung davon, was damit gemeint ist: Es handelt sich um eine Situation, in der eine Person eine andere Person befragt und ihr dabei – diese Assoziation werden wohl die meisten erst einmal haben – ein Mikrofon unter die Nase hält.

Diese Definition ist zwar unzulässig vereinfachend und auch nicht ganz ernst gemeint, sie bringt aber gut zum Ausdruck, was landläufig unter dem Begriff Interview verstanden wird.

*Abgrenzung des
Interviews von anderen
Kommunikationsformen*

Wie genau unterscheidet sich ein Interview aber von den anderen Kommunikationsformen, die in Abb. 4 aufgeführt sind? Um uns dem Begriff systematischer zu nähern, schauen wir uns folgende Definition an:

> **Interview** [-vju:; *englisch, von französisch entrevue ›verabredete Zusammenkunft‹*] das, Befragung von Personen durch einen Interviewer zu bestimmten Themen oder Angelegenheiten und/oder zur eigenen Person. Im Rahmen medienpublizistischer Zwecke ist das Interview besonders auf Persönlichkeiten des öffentlichen Lebens gerichtet, bei statistischen und wissenschaftlichen Zielsetzungen werden beliebige oder ausgewählte Personengruppen gezielt und methodisch (Versuchspersonen, Patienten) befragt. Als Forschungsmethode stellt das Interview eine entscheidende Technik der empirischen Sozialwissenschaft, der Meinungs- und Marktforschung sowie der psychologischen, psychiatrischen und medizinischen Diagnostik und der Psychotherapie dar.
>
> *(http://lexikon.meyers.de/meyers/Interview)*

Auch diese Definition rückt den journalistischen Aspekt des Interviews in den Mittelpunkt, stellt dem aber das Interview als sozialwissenschaftliche Forschungsmethode zur Seite. Mehr dazu erfahren Sie im folgenden Abschnitt.

3.1.1 Interviews und andere Datenerhebungsmethoden

Sowohl im journalistischen als auch im sozialwissenschaftlichen Kontext bezeichnet der Begriff Interview also eine Form der Befragung.

In der Sozialwissenschaft steht vor allem die besondere Funktion des Interviews als Datenerhebungsmethode im Vordergrund. Daneben gibt es noch eine ganze Reihe weiterer Datenerhebungsmethoden, die zum Teil sehr speziell zu bestimmten Forschungszwecken konzipiert werden. Diese Methoden lassen sich in sechs Kategorien einteilen:

Datenerhebungsmethoden: sechs Kategorien

1. INTERVIEWS

Als Interview bezeichnet man die zumeist mündliche, teilweise auch schriftliche Befragung der Untersuchungsteilnehmer.

Beispiel: telefonische Marktforschung, Bewerbungsgespräch

2. BEOBACHTUNGSVERFAHREN

Damit ist die teilnehmende oder nichtteilnehmende Beobachtung des realen Verhaltens von Kunden oder Mitarbeitern gemeint.

Beispiel: Beobachtung des Mitarbeiterverhaltens am Arbeitsplatz im Rahmen eines Coachingprozesses, Beobachtung des Konsumentenverhaltens in Supermärkten

3. FRAGEBÖGEN UND TESTS

Die meisten Tests sind als „Papier und Bleistift"-Tests konzipiert: Der Untersuchungsteilnehmer muss auf „Items" (Aussagen oder Aufgaben) schriftlich reagieren – entweder durch bloßes Ankreuzen oder durch freie Antworten. Einige Tests, so genannte Materialbearbeitungstests, verzichten auf schriftliche Antworten. Stattdessen muss der Untersuchungsteilnehmer dann mit vorhandenen Testmaterialien arbeiten.

Beispiel: Assessment-Center und berufseignungsdiagnostische Verfahren wie Intelligenztests

4. EXPERIMENTELLE VERFAHREN

Experimente laufen z.B. als Labor- oder Feldexperimente unter weitgehend standardisierten Bedingungen ab.

Beispiel: Experimente zur motivationsfördernden Farbgestaltung von Büroräumen oder in der Werkstoffkunde

5. PSYCHOPHYSIOLOGISCHE MESSVERFAHREN

Mithilfe von EEG, EKG und ähnlichen Verfahren werden die Probanden überwacht, während sie bestimmte Aufgaben ausführen oder einfach ihrer Arbeit nachgehen. Dadurch können Informationen über die Art, Dauer und Höhe der Belastung oder über die beteiligten Gehirnaktivitäten gewonnen werden.

Beispiel: Messung der Arbeitsbelastung an bestimmten Arbeitsplätzen zum Zwecke der Prävention im betrieblichen Gesundheitsmanagement, Lügendetektortests

6. NICHTREAKTIVE VERFAHREN

Damit sind all jene Verfahren gemeint, die durch den Probanden nicht bewusst oder unbewusst verfälscht werden können, weil sich dieser seiner Teilnahme nicht bewusst ist.

Beispiel: Dokumenten-/Literaturanalysen; Überprüfung des Alkoholkonsums anhand des betrieblichen Mülls

Verschiedene Verfahren zur Feststellung der Qualifikation eines Bewerbers

Die meisten Fragen können mithilfe unterschiedlicher Datenerhebungsmethoden überprüft werden. Die Qualifikation eines Bewerbers für eine Stelle und eine Prognose seiner Eignung kann z.B. auf folgenden Wegen festgestellt werden:

• Bewerbungsgespräch (= Interview)
• Intelligenz- und Persönlichkeitstests (= Tests)
• Probearbeit oder Beobachtung durch den Vorgesetzten während der Probezeit (= Beobachtung)
• Auswertung der Personalakte bei internen Bewerbern (= nichtreaktives Verfahren)

Im Folgenden finden Sie eine Übersicht über die Stärken und Schwächen der dargestellten Datenerhebungsverfahren:

STÄRKEN	SCHWÄCHEN
Interview	
+ Große Datenmengen	– Unökonomisch (Zeit, Kosten)
+ Flexibel, aber standardisierbar	– Fehler durch soziale Interaktion
+ Mehr Subjektivität möglich	– Gefahr von Beurteilungs- und Protokollierungsfehlern
+ Anpassung an Befragten möglich	
+ Bedeutungs- statt Wortgleichheit	– Geringe Vergleichbarkeit

Beobachtung

+ Natürliche Bedingungen	− Hohe Anforderungen an Beobachter
+ Mit anderen Methoden nicht erfass-bare Sachverhalte erfassbar	− Gefahr von Beurteilungs- und Protokol-lierungsfehlern
+ Gut als Explorationsverfahren geeignet	− Niedriges Skalenniveau
	− Unökonomisch

Fragebogen und Test

+ Standardisiert, präzise	− Oft geringe Rücklaufquote
+ Ökonomisch (Zeit, Kosten)	− Kein Nachfragen der Teilnehmer mög-lich, dadurch unflexibel

Experiment

+ Exakte Datenerhebung	− Hoher Aufwand
+ Standardisiert, vergleichbar	− Künstlichkeit der Untersuchungs-situation
+ Wiederholbar	− Übertragbarkeit fraglich
+ Optimale Kontrolle der Versuchs-bedingungen möglich	
+ Randomisierung (d.h. Zuteilung der Probanden nach dem Zufallsprinzip) möglich	

Psychophysiologische Methoden

+ Exakte Datenerhebung	− Oft hoher apparativer Aufwand
+ Standardisiert, vergleichbar	− Rückschlüsse von der Physis auf die Psyche sind nur begrenzt möglich
+ Wiederholbar	
+ Gute Kontrolle der Versuchs-bedingungen möglich	
+ Randomisierung möglich	

Nichtreaktive Verfahren

+ Natürliche Bedingungen	− Sehr indirekte Messung; die Ergeb-nisse sind daher nur schwer inter-pretierbar
+ Keine Interaktion mit den Unter-suchungsteilnehmern	− Durch unkontrollierte Faktoren verfälschbar

3.1.2 Bewertung des Interviews als Methode der Datenerhebung

Für welche Datenerhebungsmethode man sich auch entscheidet – grundsätzlich gilt: Alle Untersuchungsmethoden sollten bestimmte Qualitätsmerkmale aufweisen, so genannte Testgütekriterien. Welche das sind, erfahren Sie im Folgenden – jeweils gefolgt von einer Bewertung des Interviews als Datenerhebungsmethode anhand des vorgestellten Kriteriums:

Testgütekriterien

OBJEKTIVITÄT

Von objektiven Ergebnissen spricht man, wenn die Untersuchungsergebnisse vom Untersuchungsleiter unabhängig sind. Das dürfte bei Interviews im Regelfall nicht so sein, denn durch den Interviewer – seine Person, sein Auftreten, seine Art zu formulieren und zu kommunizieren und letztlich sogar durch seine Tagesform und Laune – werden die Ergebnisse beeinflusst. Durch Leitfäden oder ein hohes Maß an Strukturierung lassen sich Interviews objektiver gestalten.

Durch Leitfäden lässt sich die Objektivität von Interviews verbessern

RELIABILITÄT ODER ZUVERLÄSSIGKEIT

Reliabel wäre ein Interview dann, wenn bei seiner wiederholten Durchführung stets das gleiche Ergebnis erzielt würde – zumindest sofern zwischen den Wiederholungen nicht zu viel Zeit verstrichen ist oder keine Intervention stattgefunden hat.

Der Forderung nach Reliabilität liegt folgende Idee zugrunde: Wenn sich das Untersuchungsobjekt, also der Interviewte, nicht verändert, darf sich das Testergebnis ebenfalls nicht verändern. Bei einem Interview wird aber genau das passieren. Selbst wenn seitens des Interviewers alle Rahmenbedingungen konstant gehalten werden könnten, würde etwa in einem Bewerbungsgespräch wohl kein Kandidat immer wieder exakt das Gleiche antworten. Aufgrund seiner Erfahrung aus dem ersten Interview würde er seine Antworten – zu Recht oder zu Unrecht – überdenken und sein Verhalten anpassen.

VALIDITÄT ODER GÜLTIGKEIT

Wenn ein Interview genau das messen würde, was es messen soll, dann wäre es valide. Dieser Zustand kann jedoch kaum erreicht werden, denn es lässt sich nicht ausschließen, dass beispielsweise in einem Bewerbungsgespräch neben der Eignung für eine bestimmte Stelle auch die Sympathie zwischen den Gesprächspartnern das Ergebnis beeinflusst. Das Interview misst in diesem Fall dann das kaum zu differenzierende Gemisch aus Sympathie und Berufseignung.

Andererseits besitzt das Interview gerade in seiner Form als Bewerbungsgespräch eine sehr hohe Augenscheinvalidität. *Augenscheinvalidität* Das heißt, es kann quasi per Augenschein sehr gut nachvollzogen werden, worum es geht und was gemessen werden soll. Zudem bietet ein Interview die Möglichkeit, nach einer Explorationsphase den Gesprächsschwerpunkt exakt auf den Interessenschwerpunkt zu verlagern. Vielleicht erklärt das, warum das Bewerbungsgespräch, obwohl andere Auswahlinstrumente eine weit bessere Reliabilität und Validität aufweisen, immer noch das beliebteste Auswahlinstrument ist.

STANDARDISIERUNG ODER NORMIERUNG

Dieses Kriterium erfüllen alle Datenerhebungsmethoden, für die es verbindliche Regeln zur Vorbereitung, Durchführung und Auswertung bis hin zu einer völligen Standardisierung der Fragestellungen gibt.

Dem kann ein Interview natürlich gerecht werden – etwa dann, wenn wir von einem Marktforscher angerufen werden, der uns nacheinander verschiedene Fragen vorliest und uns eine begrenzte Anzahl von Antwortmöglichkeiten vorgibt.

Ein Interview muss dieses Kriterium aber nicht unbedingt erfüllen. Ganz im Gegenteil scheint es oft besser zu sein, von einer zu genauen Festlegung der Fragen und Antwortmöglichkeiten abzusehen, um sich eine größere Flexibilität zu bewahren. In diesem Fall muss man sich mit einer sinkenden Vergleichbarkeit abfinden. Im schlimmsten Fall kann die Berufseignung zweier Kandidaten gar nicht verglichen werden, weil diese völlig unterschiedliche Fragen beantwortet haben.

NÜTZLICHKEIT UND ÖKONOMIE

Nützlich ist ein Interview in jedem Fall. Es kann sehr individuell, flexibel und ganz spezifisch auf die jeweilige Situation abgestimmt werden. Ebenfalls für seine Nützlichkeit spricht, dass in kurzer Zeit sehr viele Daten von einem Interviewten gesammelt werden können. Zudem lässt es sich bei den verschiedensten Problemstellungen einsetzen: Es kann Explorationsverfahren für „unbekanntes Terrain" sein sowie auch sehr gezielt eingesetzt werden.

Sofern es sich nur um einen Interviewpartner handelt, ist das Interview sicherlich auch recht ökonomisch einsetzbar. Sobald aber mehrere, vielleicht sogar vergleichbare, Interviews geführt werden müssen, wird das Verfahren sehr zeitaufwändig und damit kostspielig.

Beispiel   **PRAXIS**

Ein Abteilungsleiter ist für eine Gruppe von zwanzig Mitarbeitern als disziplinarischer Vorgesetzter zuständig. Wenn er nur einmal pro Jahr zusätzlich zu allen anderen Mitarbeiter- und Gruppengesprächen oder sonstigen Kommunikationsanlässen mit jedem Mitarbeiter ein Personalbeurteilungsgespräch führen muss, entsteht für ihn dadurch ein erheblicher Zeitaufwand.

Selbst wenn die Gespräche gut laufen, werden sie kaum weniger als eine Stunde dauern. Dazu kommen der organisatorische Aufwand z.B. für die Terminplanung und Raumreservierung, der insgesamt mit zwei Stunden veranschlagt werden sollte, sowie der Aufwand für die Vorbereitung des Interviews anhand des Personalbeurteilungsbogens, der pro Mitarbeiter sicherlich auch eine Stunde dauern wird.

Obwohl diese Berechnung nur überschlagsartig den unmittelbaren Zeitbedarf berücksichtigt, ergibt sich schon jetzt ein Aufwand von nicht unter 42 Stunden bzw. mindestens einer Woche. Dass das z.B. in einer heißen Phase zum Jahresende hin zu Zeitproblemen führen kann, ist leicht nachvollziehbar.

3.2 Interviewarten

Interviews können nach verschiedenen Kriterien kategorisiert werden:

Einzel- und Gruppen-interviews

- Nach der Anzahl der Teilnehmer können Einzel- und Gruppeninterviews unterschieden werden. Einzelinterviews bieten sich bei Bewerbungs- und Mitarbeitergesprächen oder ganz allgemein immer dann an, wenn man sich sehr intensiv mit einer einzelnen Person auseinandersetzen möchte und Vertraulichkeit dabei wichtig ist. Bei Gruppeninterviews z.B. im Rahmen eines Change-Prozesses beeinflussen sich die Interviewten gegenseitig. Ein Gruppeninterview kann leicht zu einer Gruppendiskussion werden.

- Man unterscheidet standardisierte, teilstandardisierte und unstandardisierte oder freie Interviews. Je niedriger der Grad an Standardisierung, desto niedriger ist die Vergleichbarkeit der Interviews untereinander, aber desto höher ist die Flexibilität des Interviewers, auf den Interviewten einzugehen.

- Es lassen sich schriftliche, mündliche, telefonische und Online-Interviews unterscheiden. Da für diese Interviewformen ganz unterschiedliche Vorgehensweisen relevant sind, werden wir uns im weiteren Verlauf auf die klassische Form des Interviews, nämlich mündliche Interviews von Angesicht zu Angesicht, konzentrieren.

Standardisierungsgrad

Schriftliche, mündliche, telefonische und Online-Interviews

Im Journalismus werden Interviews ganz unterschiedlich eingesetzt. Entsprechend unterscheidet man verschiedene Interviewtypen, von denen einige auch im betrieblichen Kontext beobachtet werden können, nämlich Rechercheinterviews (Kap. 3.2.1), Pro-forma-Interviews (Kap. 3.2.2), Nutzwertinterviews (Kap. 3.2.3) und die Befragung durch ein Publikum (Kap. 3.2.4).

3.2.1 Rechercheinterview

Das Rechercheinterview dient in erster Linie der Datenerhebung. Diese Form des Interviews dürfte die häufigste sein. Gleichzeitig ist sie auch diejenige, welche die Bezeichnung Interview am ehesten verdient: Beim Rechercheinterview stellt der Interviewer Fragen, deren Antworten er nicht kennt. Damit diese Interviewform nicht zu einer Fragestunde verkommt, deren Ziele eher zufällig erreicht werden, muss sich der Interviewer gründlich auf das Gespräch vorbereiten. Um ein erfolgreiches Interview führen zu können, muss er die richtigen Fragen parat haben. Zusätzlich muss er auch weitestgehend beurteilen können, ob der Interviewte ehrlich antwortet und ob die Antworten korrekt sein können.

Als Rechercheinterview kann man in Unternehmen Bewerbungsgespräche bezeichnen. Aber auch Gespräche, die im Rahmen von Change-Projekten mit Mitarbeitern geführt werden, um die aktuelle Situation zu diagnostizieren und Maßnahmen zu erarbeiten, sind Rechercheinterviews.

Der Interviewer stellt Fragen, deren Antworten er nicht kennt

3.2.2 Pro-forma-Interview

Bei einem Pro-forma-Interview spielen die Antworten des Interviewten keine Rolle

Zu einem Pro-forma-Interview sollte ein Gespräch zwischen Vorgesetztem und Mitarbeiter nicht werden: Dabei spielen die Antworten des Interviewten nämlich kaum eine Rolle. Mithilfe von geschlossenen und Suggestivfragen (vgl. Kap. 4.2) oder durch extrem ausdauerndes Fragen soll aus dem Befragten eine bestimmte Aussage herausgekitzelt werden. Eine andere Variante liegt vor, wenn vor allem Fragen gestellt werden, deren Antworten schon klar sind. Der Rest des Interviews, in dem es nicht um die eine wichtige Aussage geht, spielt im Zweifelsfall keine Rolle.

Geduld und der taktische Einsatz von Kommunikationstechniken sind in einem Pro-forma-Interview wichtiger als inhaltliche Vorbereitung. Bei einem Pro-forma-Interview beweist der Interviewer, dass ihm nichts an einer echten Auseinandersetzung mit seinem Gesprächspartner liegt, dass er kein Interesse an neuen Informationen hat.

Wenn der Vorgesetzte seinen Mitarbeiter in einem Feedbackgespräch auf eine Aussage festnageln will (z.B. auf das Eingeständnis, eine bestimmte Situation verkannt zu haben, wodurch dem Unternehmen ein Auftrag entgangen ist), führt er ein Pro-forma-Interview. Wenn es so weit kommt, ist es wichtiger geworden, überhaupt irgendeinen Schuldigen zu haben, als zu ergründen, wer genau den Fehler begangen hat, wie es zu der Fehleinschätzung kommen konnte oder wie eine solche in Zukunft verhindert werden kann.

3.2.3 Nutzwertinterview

Nutzen für das Publikum

Ein Nutzwertinterview wird geführt, um dem Publikum, nicht dem Interviewer, einen Nutzen zu bieten. Bei der Vorbereitung eines solchen Interviews müssen also die Analyse des Publikums und dessen Interessen und Ziele im Mittelpunkt stehen. Allein darauf basieren die Auswahl der Fragen und Art und Umfang ihrer Beantwortung.

INTERVIEWER UND INTERVIEWTER KÖNNEN SCHON IM RAHMEN DER VORBEREITUNG ZUSAMMENARBEITEN UND EIN DREHBUCH FÜR DAS INTERVIEW ENTWICKELN.

Beide sind sich im Vorfeld darüber einig, dass es im Interview in erster Linie darum gehen soll, dem Publikum oder Leser etwas Schwieriges zu vermitteln und Handlungsanweisungen zu geben. Eine kontroverse Auseinandersetzung oder eine wirkliche Informationssuche entfallen. Interviewer und Interviewter arbeiten hier also Hand in Hand.

Oft ist ein Nutzwertinterview folgendermaßen aufgebaut:

Aufbau eines Nutzwertinterviews

- Der Interviewer stellt Fragen, die sehr kurz sein können, woraufhin der Interviewte mit langen Antworten die inhaltliche Seite beisteuert.
- Der Interviewer sollte dann abschnittsweise die Highlights kurz und prägnant zusammenfassen.
- Diese Zusammenfassung wird daraufhin vom Interviewten abgesegnet.

Das Nutzwertinterview kann in betrieblichen Veranstaltungen wie Meetings, Betriebsversammlungen oder Kick-offs oder in gedruckter Form in einer Firmenzeitschrift verwendet werden, um z.B. im Rahmen eines Change-Prozesses die betroffenen Mitarbeiter über die Veränderungen, deren Notwendigkeit und Hintergründe und über die für sie daraus entstehenden Konsequenzen zu informieren.

Einsatz des Nutzwertinterviews im Betrieb

EIN NUTZWERTINTERVIEW WIRKT DURCH DIE BETEILIGUNG EINES INTERVIEWERS OFT OBJEKTIVER UND AUCH LEBHAFTER ALS EINE EINSTUDIERTE ÜBERZEUGUNGSPRÄSENTATION.

3.2.4 Befragung durch ein Publikum: Der „heiße Stuhl"

Eine besondere Form des Interviews stellt die Befragung durch mehrere Personen, ähnlich einem „heißen Stuhl", dar. Diese Form der Befragung erfordert vom Interviewten gute Vorbereitung, die vor allem dadurch erschwert wird, dass ein heterogenes Publikum mit unterschiedlichen Interessen und ohne spezielle Gesprächsstrategie schwerer berechenbar ist als ein einzelner Interviewer.

Zudem besteht die Möglichkeit einer starken Gruppendynamik im Publikum, die es für beide Seiten zusätzlich erschwert, einen kühlen Kopf zu bewahren. Anders als in der klassischen Interviewsituation mit Interviewer und Interviewtem kann sich der Fragesteller hier in der Gruppe verstecken. Diese Anonymität macht es ihm leichter, auch stark provozierende, unfaire oder eskalierende Fragen zu stellen.

Gruppendynamik im Publikum

Ein Vorteil aus Sicht des Interviewten kann es sein, dass er beim „heißen Stuhl" zumeist auf eine Gruppe von Interviewern trifft, die zwar interessiert und oft unmittelbar persönlich betroffen, aber zumeist auch schlechter informiert und vorbereitet sind. Diesen Vorsprung gilt es gezielt auszubauen und zu sichern. Zu bedenken ist ferner, dass eine Gruppe oft unkoordiniert handelt und sich möglicherweise an bestimmten Personen mit hoher Durchsetzungskraft oder hohem Status orientiert, sodass letztlich nicht jedes Gruppenmitglied zu Wort kommt. Eine gezielte Gesprächsführung wird dadurch erschwert, wichtige Fragen können untergehen. Der Interviewte hat dank dieses Phänomens die Möglichkeit, diese besonders aktiven Personen in der Gruppe im Auge zu behalten.

Aufgrund der ungewöhnlichen Konstellation – „einer gegen alle" bzw. „alle gegen einen" – und des Risikos für den Interviewten geht der Ertrag dieser Interviewform über den reinen Wert der Antworten hinaus. Wenn sich eine einzelne Person einem betroffenen Publikum stellt, zeigt sie damit Mut, übernimmt Verantwortung und drückt aus, dass ihr das Publikum wichtig ist. Auch dieser symbolkräftige Aspekt sollte bei der Entscheidung für eine solche Interviewform beachtet werden.

Symbolkraft des „heißen Stuhls"

SPEZIELL IM RAHMEN EINES CHANGE-PROZESSES, BEI DEM ES NEBEN DER INFORMATION DER MITARBEITER AUCH DARUM GEHT, ÜBERZEUGUNGSARBEIT ZU LEISTEN, BIETET SICH EIN SOLCHES VORGEHEN AN.

Beispiel **PRAXIS**

Um mit den Wettbewerbern mithalten zu können, musste ein Industrieunternehmen seine Produktionsprozesse straffen und ein systematisches Prozessmanagement einführen. Das war für die betroffenen Mitarbeiter nicht nur eine Umstellung, sondern löste auch Ängste, z.B. vor Arbeitsplatzverlust, aus. Um die Mitarbeiter von der Notwendigkeit und dem Sinn der Reorganisation zu überzeugen, entschied sich das Unternehmen für folgendes Vorgehen:

Die Geschäftsleitung berief eine Versammlung der betroffenen Mitarbeiter ein. Dabei wurde im ersten Schritt das Konzept in seinen wichtigsten Grundzügen vorgestellt: Gründe, Ziele, Bausteine, Ablauf. Danach führte ein externer und neutraler Moderator ein vorbereitetes **Nutzwert-interview** mit einem Vertreter der Geschäftsleitung. Damit sollte ein Großteil der Fragen und Anliegen der Belegschaft geklärt werden. Im dritten Schritt stand ein **„heißer Stuhl"** mit den Geschäftsleitungsvertretern auf der Tagesordnung. Dafür hatte man sich entschieden, weil man ausführlich über den Reorganisationsprozess informieren und deshalb auch individuelle Fragen der Mitarbeiter beantworten wollte. Noch wichtiger aber war es in diesem Schritt, die Mitarbeiter zu überzeugen. Deshalb trat die Geschäftsführung vor den Mitarbeitern für ihr Konzept ein und ließ sich von ihnen dazu befragen.

Die Befragung durch ein Publikum kann von einer sachlichen Auseinandersetzung auf der Suche nach Antworten (Rechercheinterview) auch schnell in ein Pro-forma-Interview umschlagen. Um das zu verhindern, muss der Interviewte gut vorbereitet sein. Dann kann er nämlich im Rahmen seiner Antworten oder nach einer Antwort und vor der jeweils nächsten Frage Aspekte ins Spiel bringen, die als Anknüpfungspunkt für neue Fragen aus dem Publikum geeignet sind. In einer solchen Situation kann auch die gezielte Auswahl einer Person aus den Wortmeldungen hilfreich sein.

Allerdings muss man auf Ausgewogenheit achten. Die Fragerunde sollte sich nicht zu einem Zwiegespräch entwickeln. Außerdem sollte man als Interviewter unangenehmen Fragen nicht dadurch aus dem Weg gehen, dass man einzelne Personen nicht zu Wort kommen lässt oder indem man einen Komplizen ins Publikum einschleust.

Beispiel　　　　　　　　　**PRAXIS**

Während das Publikum in der Anfangsphase des „heißen Stuhls" noch intensiv Informationen zum Reorganisationsprozess abfragte, entwickelte sich das Interview nach und nach zu einem Pro-forma-Interview, dessen einziges Ziel es war, den Geschäftsführer zu einer Aussage über die geplanten Entlassungen zu bewegen, obwohl das in der momentanen Planungsphase noch nicht möglich war.

3.3 Interviewvorbereitung

Gehen wir beispielhaft davon aus, dass Sie ein Recherche-interview führen möchten: Sie wollen im Rahmen eines Change-Prozesses durch die Befragung eines Mitarbeiters Informationen über die Stimmung in Ihrer Belegschaft gewinnen. Wie bereiten Sie sich vor?

3.3.1 Beschaffung von Vorinformationen

Völlig unvorbelastet in ein Gespräch zu gehen, kann durchaus sinnvoll sein; im Regelfall ist es das aber nicht. Also bereiten Sie sich gründlich vor.

Vorbereitung auf Interviewthema und -partner

Beginnen Sie mit einem ausreichenden zeitlichen Abstand zum Interviewtermin damit, sich mit dem Interviewthema auseinanderzusetzen. In den meisten Fällen ist es zusätzlich ratsam, sich im Vorfeld auch mit dem Interviewpartner zu beschäftigen. Je nachdem, welches Ziel Sie verfolgen bzw. welche Informationen Sie benötigen, können es unterschiedliche Vorinformationen sein, die Sie recherchieren. Dementsprechend werden Sie unterschiedliche Informationsquellen konsultieren.

	ARTEN DER VORINFORMATION	INFORMATIONSQUELLEN
INTERVIEWPARTNER	• Standpunkt, Meinung, Einstellung zum Thema • Bisherige Äußerungen • Zugehörigkeit zu einer bestimmten Organisation, Abteilung, Gruppe oder einem Gremium • Lebenslauf, Sozialisation (beruflich und privat)	• Interviews • Small Talk • Geschäftsberichte, Zeitungsartikel, Werkszeitschrift
INTERVIEWTHEMA	• Grundlagen • Unterschiedliche Standpunkte zum Thema • Befürworter und Gegner • Weiterentwicklungen • Alternativen	• Lexika, Nachschlagewerke und Verzeichnisse • Primärliteratur, Fachzeitschriften • Expertenbefragung • Geschäftsberichte, Zeitungsartikel, Werkszeitschrift • Elektronische Medien

Vorinformationen gehen über die reine Sachinformation hinaus. Abhängig von der Art des Interviews und damit auch von seinem Zweck kann es entscheidend sein, den Interviewpartner auch persönlich besser kennen und einschätzen zu lernen. Ein Vorgespräch macht die wichtigen Fragen bewusster und hilft Ihnen dabei, das Verhalten Ihres Gegenübers einschätzen zu lernen. *Beispiele:*

Den Interviewpartner persönlich kennen und einschätzen lernen

- Ist der Befragte schüchtern, zurückhaltend und nervös, versuchen Sie, ihn durch eine längere Aufwärmphase zu beruhigen. Sprechen Sie den Ablauf des Interviews genau mit ihm durch.
- Verhält sich Ihr Gegenüber abwartend und gehemmt? Dann lohnt es sich zu überlegen, wie das Gespräch aufzulockern wäre.
- Weicht jemand Ihren Fragen oft aus, entlocken Sie ihm am besten schon im Vorgespräch ein Statement, zu dem Sie ihn im Interview dann befragen können.
- Muss jemand über emotionale Dinge sprechen und besteht die Gefahr einer emotionalen Entgleisung, überlegen Sie, wie Sie die Emotionen unter Kontrolle halten können.

Parallel zur Beschaffung von Vorinformationen sollte die organisatorische Vorbereitung des Interviews laufen. Vereinbaren Sie Ort, Termin und Dauer des Gesprächs und sorgen Sie dafür, dass Sie ungestört sind. Klären Sie, ob der Interviewte anonym bleiben möchte und ob bzw. in welcher Form die gewonnenen Informationen verarbeitet und gegebenenfalls veröffentlicht werden dürfen.

Organisatorische Vorbereitung

3.3.2 Erstellung eines Interviewplans

Ein Interviewplan sollte schriftlich fixiert werden. Selbst wenn Sie kein vollkommen durchstrukturiertes Interview führen wollen, sollten Ihnen zumindest die wichtigsten Fragen oder Themen einem Leitfaden gleich als Gedächtnisstütze präsent sein.

Wenn eine große Zahl von Interviews geführt werden soll oder wenn es darauf ankommt, dass die Interviewergebnisse vergleichbar sind, empfiehlt es sich ganz besonders, einen standardisierten Interviewplan als Grundlage für die Gesprächsführung zu entwickeln.

Bestandteile des
Interviewplans

Der Interviewplan sollte folgende Punkte enthalten:

- Organisatorische Informationen zu Datum, Uhrzeit, Ort und Namen des/der Interviewer und Interviewten.
- Thema und eventuell Ziele des Interviews in groben Stichworten: Worum soll es gehen und welche Antworten benötigen Sie dringend?
- Gesprächsablauf und Rollenverteilung zwischen den Interviewern: Hier können Sie die einzelnen Gesprächsphasen und die in den Phasen anzusprechenden Punkte und Themen notieren. Falls nötig können konkrete Fragen vorbereitet werden.

Halten Sie sich bei der Erstellung Ihres Interviewplans stets vor Augen, was das Ziel ist, mit wem Sie das Gespräch führen und welche Schwierigkeiten dabei auftreten können.

Vor allem dann, wenn Sie ganz bestimmte Informationen dringend benötigen oder wenn Sie einen zurückhaltenden oder ausweichend antwortenden Gesprächspartner vermu-

Die Antworten des
Befragten antizipieren

ten, sollten Sie versuchen, dessen Antworten zu antizipieren. So können Sie schon im Voraus versuchen, Fragen so zu stellen, dass Sie die gewünschte Antwort erhalten. Sie stellen also folgende „Dreisprungüberlegung" an:

- Welche Informationen möchte ich von meinem Gesprächspartner erhalten?
- Was möchte er mir wahrscheinlich sagen bzw. was wird er mir sagen?
- Was und wie muss ich fragen, damit er mir die Informationen gibt, die ich erfahren möchte?

Diese Vorgehensweise ähnelt ein wenig den Spielregeln der Quiz-Show „Jeopardy!", bei der es darum geht, zu einer Antwort die korrekte Frage zu formulieren. Im Endeffekt schreiben Sie in Ihren Interviewplan also zuerst die Antworten und entwickeln danach die dazu passenden Fragen.

Wie ein Interviewplan konkret aussehen kann, zeigt Abb. 5 am Beispiel eines Bewerbungsgesprächs. Der hier dargestellte Interviewplan sollte nach dem Studium der Bewerbungsunterlagen weiter ausdifferenziert werden, indem die zu stellenden Fragen noch genauer geplant und formuliert werden.

Protokollformular

Außerdem empfiehlt es sich, ein Protokollformular vorzubereiten.

Interviewplan – Bewerbungsgespräch	*Datum:* 15.11.2007
	Uhrzeit: 10:30 Uhr
	Ort: Raum 1.4

Ausgeschriebene Stelle:	Einkäufer
Kandidat:	Frau Buchholz
Interviewer:	Herr Schubert (Personalreferent)
	Frau Hesseling (Einkaufsleiterin)

Gesprächsablauf:

- Begrüßung durch Herrn Schubert
- Vorstellung der Interviewer, Erläuterung des Gesprächsablaufs durch Herrn Schubert
- Informationen über das Unternehmen (Herr Schubert): Branche, Größe, Produkte, aktuelle Entwicklungen ...
- Informationen zur Stelle (Frau Hesseling): organisatorische Einordnung, Aufgaben, Kollegen ...
- Allgemeine Fragen an Frau Buchholz (Herr Schubert): Selbstvorstellung, Ausbildung, Werdegang, Gründe für Studium, Berufs- und Unternehmenswahl
- Fragen zur Qualifikation von Frau Buchholz (Frau Hesseling): bisherige Aufgaben, Kompetenzen, Verantwortung, durchgeführte Projekte, Erfahrungen mit ..., ...
- Fragen zu Stärken, Schwächen, Eigenschaften, Zielen, Zukunftsplänen und Wechselgründen von Frau Buchholz (Herr Schubert)
- Fragen der Kandidatin (beide Interviewer)
- Vertragsfragen (Herr Schubert): Kündigungstermin und -frist, Gehaltsvorstellungen, Sozialleistungen
- Verabschiedung (Herr Schubert)

Abb. 5: Interviewplan für ein Bewerbungsgespräch

Seien Sie sich jedoch bei aller notwendigen Vorbereitung stets darüber im Klaren, dass der Interviewte nicht so antworten muss, wie Sie es erwarten.

LASSEN SIE SICH NICHT DURCH IHRE EIGENEN ERWARTUNGEN EINSCHRÄNKEN.

Tipps für eine angenehme und interessante Gestaltung des Interviews	PRAXIS

- Achten Sie auf Sitzordnung und Sitzabstand.
- Hören Sie aktiv zu.
- Gestalten Sie den Ablauf inhaltlich abwechslungsreich und legen Sie im Vorfeld eine inhaltlich und dramaturgisch sinnvolle Reihenfolge der Fragen fest.
- Verwenden Sie unterschiedliche Fragetypen:
  - Zeigen Sie Wertschätzung und Interesse an Ihrem Interviewpartner durch offene Fragen.
  - Fokussieren Sie das Interview durch wenige geschlossene Fragen oder Alternativfragen auf Ihr Ziel.
- Vermeiden Sie manipulative Techniken.
- Beugen Sie Missverständnissen vor, indem Sie Feedback geben. Halten Sie sich dabei an die gängigen Feedbackregeln (vgl. Kap. 2.3.2).
- Machen Sie deutlich, von wem eine Aussage oder Meinung stammt.
- Fassen Sie die Gesprächsinhalte regelmäßig zusammen, bevor Sie zum nächsten Thema übergehen.
- Verwenden Sie positive Formulierungen, vermeiden Sie Reizwörter, Weichmacher und Killerphrasen.
- Bilden Sie keine Frageketten. Sie verwirren den Interviewten. Möglicherweise vergisst er, auf eine Frage zu antworten, oder er sucht sich die leichteste Frage aus.

3.4 Interviewdurchführung

3.4.1 Kurz vor dem Interview

Die Gestaltung der Zeit unmittelbar vor der Befragung kann Spannung erzeugen oder auch reduzieren. Interviews, die emotional schwierige Themen berühren oder die mit Personen in einer emotional schwierigen Lebenslage geführt werden, sollten so ruhig und entspannt wie möglich gestaltet werden.

Es ist leicht nachvollziehbar, dass Bewerbungsgespräche, Interviews, die im Rahmen von Change-Prozessen geführt werden, oder Mitarbeitergespräche, bei denen der Mitarbeiter beispielsweise eine schlechte Beurteilung befürchtet, ein hohes Maß an Anspannung beim Befragten hervorrufen. Auch wenn es einzelne Situationen gibt, in denen das durchaus erwünscht ist, wird dadurch die Befragung im Regelfall für den Interviewer schwieriger und die Qualität der erhaltenen Daten leidet, weil der Interviewte sich weniger kooperativ verhält und Punkte, die er für problematisch hält, eher verschweigt.

Um ein Interview für den Gesprächspartner ruhig und entspannt zu gestalten, sollten Sie die Vorbereitungen, die Sie unmittelbar vor dem Interview tätigen müssen, abgeschlossen haben, bevor Sie sich mit dem Gesprächspartner treffen. Unterhalten Sie sich locker mit ihm. Machen Sie Small Talk, aber spannen Sie ihn nicht auf die Folter.

Für eine entspannte Atmosphäre sorgen

AUCH WENN SIE ES EILIG HABEN, SPRECHEN SIE IN DER AUF-WÄRMPHASE NOCH NICHT ÜBER DAS EIGENTLICHE GE-SPRÄCHSTHEMA.

Es besteht sonst die Gefahr, dass der Gesprächspartner sein Pulver schon vor der Befragung verschossen hat, und Sie untergraben Ihren mühsam vorbereiteten Interviewplan selbst. Sorgen Sie schon im Vorfeld für genügend Zeit und eine angenehme, ungestörte Gesprächsatmosphäre (Sitzordnung, Gestaltung des Besprechungsraumes und z.B. Vorbereitung von Getränken).

Informieren Sie Ihren Gesprächspartner kurz vor dem Gespräch darüber, ob und wie Sie das Interview protokollieren oder aufzeichnen möchten. Holen Sie gegebenenfalls noch kurzfristig seine Einwilligung ein.

3.4.2 Während des Interviews

Als grundlegenden Leitfaden beachten Sie während des Interviews stets Ihren vorbereiteten Interviewplan. Bleiben Sie immer wachsam: Auch wenn das Interview wie geplant und reibungslos läuft, kann Ihr Gesprächspartner noch bei der letzten Frage vom Plan abweichen. Antizipieren Sie den Gesprächsverlauf und bleiben Sie flexibel.

Den Gesprächsverlauf antizipieren und flexibel bleiben

Normalerweise teilen Sie Ihrem Gesprächspartner mit, um was es in dem Interview geht – auch dann, wenn er nicht danach fragt. Vielleicht gehen Sie sogar so weit, ihm die Startfrage mitzuteilen. Zwar geht dadurch der Überraschungseffekt verloren, andererseits gewährleisten Sie einen reibungslosen

Dem Interviewten alle
Fragen vorab mitteilen:
Vor- und Nachteile

Einstieg und demonstrieren Ihrem Gesprächspartner, dass Sie an einer ehrlichen Zusammenarbeit interessiert sind. Prinzipiell können sie sogar noch weiter gehen und Ihrem Gesprächspartner alle Fragen des Interviews vorab mitteilen:

* Der Vorteil dieses Vorgehens besteht darin, dass Sie ein Maximum an Transparenz und Kooperation zeigen. Zudem kann sich der Interviewpartner so optimal auf das Gespräch vorbereiten. Er sollte also alle Informationen parat haben.
* Andererseits heißt „optimal vorbereiten" nicht unbedingt, dass sich Ihr Gesprächspartner in Ihrem Sinne vorbereitet. Wenn Sie ihm vorab alle Fragen geben, wird es für Sie schwerer, eine unerwartete Wendung in das Gespräch zu bringen oder die Argumente Ihres Gegenübers zu erschüttern. Zudem erfordert eine solche Vorgehensweise sehr viel Aufwand in der Vorbereitungsphase. Das Interview wäre auf diese Weise genauso gut schriftlich durchführbar.

DIE EINLEITUNGSFRAGE

Durch die Einleitungsfrage soll der Interviewte seinen Redefluss finden

Grundsätzlich brauchen Sie zu Beginn des Interviews – ebenso wie zu Beginn jedes einzelnen Interviewthemas – eine Einleitungsfrage, die es dem Interviewten ermöglicht, sich auf den Interviewer und die Interviewsituation einzustellen und den persönlichen Redefluss zu finden. Erst wenn das erreicht ist, sollten Sie auf die kritischen Themen zu sprechen kommen.

STELLEN SIE ALSO ZUNÄCHST UNPROBLEMATISCHE FRAGEN. DIE WIRKLICH EMOTIONALEN FRAGEN ODER JENE, DIE EINE KRITISCHE SITUATION VERURSACHEN KÖNNTEN, KOMMEN ERST AM SCHLUSS.

Das hat folgende Vorteile:

* Ihr Gesprächspartner kann sich an die Situation und an Sie gewöhnen. Dadurch kommt er eher in einen Redefluss. Die Befragung ist offener, freier und ungezwungener.
* Der Interviewte fasst Vertrauen und fühlt sich wohler. Dadurch ist er wahrscheinlich weniger vorsichtig und zurückhaltend. Er gibt möglicherweise unwillkürlich Informationen preis, die er in einer angespannten Gesprächssituation für sich behalten hätte.
* Wenn Sie es geschafft haben, Vertrauen aufzubauen, gibt der Interviewte wahrscheinlich sogar auf geschlossene Fra-

gen eine längere Antwort. Fragt der Interviewer beispielsweise: „Halten Sie eine Reduzierung des Krankenstandes
durch die Einführung von Gruppenarbeit für möglich?", so
antwortet der Interviewte in einer entspannten Gesprächssituation womöglich: „Ja, das glaube ich schon. Immerhin
will keiner von uns sein Team im Stich lassen."

DIE COLUMBO-TECHNIK

Inspektor Columbo aus der gleichnamigen amerikanischen
Fernsehserie vermittelt dem Verdächtigen ein Gefühl der Sicherheit, indem er sich verabschiedet und Richtung Tür geht.
Der Befragte nimmt an, dass die Befragung beendet ist, und
rechnet nicht mehr damit, dass ihm der Inspektor gefährlich
werden könnte. Er täuscht sich, denn Columbo macht noch
einmal kurz kehrt und stellt unverhofft und fast beiläufig noch
eine wichtige Frage.

Da das Interview aus Sicht des Interviewten schon beendet
ist, lassen seine Anspannung und damit seine Vorsicht schlag-
artig nach. Von der letzten Frage wird er überrascht. Achtung:
Diese Technik ist eine manipulative Technik. Sie kann in Ausnahmefällen sinnvoll sein, um einen abgebrühten Typen „kalt
zu erwischen". Ebenso wäre auch die überfallartige Konfrontation mit dem kritischen Gesprächsthema zu Beginn des Interviews, das in diesem Fall ohne eine Aufwärmphase begonnen wird, denkbar.

Manipulative Technik

> *BEIDE TECHNIKEN BASIEREN ABER NICHT AUF EINER PART-
> NERSCHAFTLICHEN UND KOOPERATIVEN ZUSAMMENARBEIT
> ZWISCHEN INTERVIEWER UND INTERVIEWTEM. ÜBERLEGEN
> SIE SICH ALSO GUT, OB UND WANN SIE SIE ANWENDEN.*

Denn: Ein Mitarbeiter, den Sie als Vorgesetzter beispielsweise
im Rahmen eines Jahresgesprächs nach Art von Inspektor Columbo mit einem vermeintlichen Fehlverhalten konfrontieren,
wird sein Verhalten Ihnen gegenüber sicherlich überdenken
und ändern. Bei ihm sind jetzt alle Warnleuchten an. Wenn er
künftig einen Fehler macht, wird er mit Ihnen sicherlich nicht
mehr offen darüber reden.

Im Umgang mit „Verdächtigen", zu denen keine langfristig gute Beziehung aufgebaut werden muss, kann diese Technik al-

so von Nutzen sein. Zu Mitarbeitern sollte aber eine langfristig gute und kollegiale Beziehung aufgebaut werden. Der Einsatz manipulativer Techniken verbietet sich dabei von selbst. Besser ist es, offen zu fragen. Geben Sie Ihrem Gegenüber die Möglichkeit zu reden. Die Frage „Haben Sie sich über die Änderungskündigung geärgert?" ergibt vielleicht nur ein trockenes „Ja". Besser ist es zu fragen: „Wie haben Sie die Änderungskündigung empfunden?" oder „Weshalb haben Sie sich über die Änderungskündigung geärgert?"

3.4.3 Psychologische Aspekte

Ein Interview ist immer auch ein psychologisches Spiel, bei dem es darum geht, sein Gegenüber einzuschätzen. Sie sprechen mit jemandem, von dem Sie bestimmte Informationen bekommen möchten. Ihr Gesprächspartner ist zwar bereit, mit Ihnen zu reden, aber ob er die gewünschten Informationen offen preisgeben wird, ist ungewiss.

DESHALB MÜSSEN SIE IN JEDEM FALL VERSUCHEN, AUF IHREN GESPRÄCHSPARTNER EINZUGEHEN.

Acht mögliche Verhaltensweisen des Interviewten – und wie man damit umgeht

Mit welchem Verhalten des Interviewten müssen Sie rechnen und wie können Sie dem begegnen? Im Folgenden werden acht mögliche Verhaltensweisen vorgestellt, jeweils gefolgt von Tipps, wie Sie damit am besten umgehen.

1. Ihr Interviewpartner erzählt ausschweifend, ist langatmig, kommt vom Thema ab oder benötigt einen gewissen Druck und Anspannung, um in Fahrt zu kommen.

Was tun? Nun, wenn Sie z.B. etwas über ein Arbeitsproblem des Mitarbeiters erfahren und ihn im Mitarbeitergespräch damit konfrontieren wollen, kann es sinnvoll sein, vor oder während des Interviews die Positionen klarzustellen. Sinngemäß: „Ich stelle hier die Fragen!"

Eine andere Möglichkeit, das Gespräch zu beeinflussen und zu lenken, wenn Ihr Gesprächspartner sehr viel und sehr lange spricht, ist die Stakkatofrage. Dabei handelt es sich im eigentlichen Wortsinn nicht um eine eigenständige Frageform, sondern vielmehr um eine sehr kurze Frage. Oft tritt sie als

Stakkatofrage

schnelle Folge kurzer Fragen in einer Fragekette oder als einzelne kurze Zwischenfrage auf. Als präzisierende und lenkende Einwortfrage kann die Stakkatofrage gegenüber „Vielrednern" Gewinn bringend eingesetzt werden. Wenn der Gefragte wichtige Punkte umgeht oder auslässt, kann man seinen Redeschwall mithilfe einer Stakkatofrage unaufdringlich unterbrechen und ihn darauf aufmerksam machen. Ein günstiger Zeitpunkt dafür ist der Moment des Luftholens Ihres Interviewpartners. Eine solche Frage sollte nie mehr als drei Worte enthalten (*Beispiel:* „Warum?", „Wie viel?", „Wer war das?", „An wen?", „Wann?", „Wie lange?").

Handzeichen

Sie können die Stakkatofrage nonverbal durch ein Handzeichen oder ein leichtes Heben des Armes ankündigen und unterstützen. Dieses Zeichen sollte auch alleine gebraucht schon ausreichend ankündigen, dass Sie zu diesem Thema ebenfalls etwas sagen möchten.

> 2. Der Interviewpartner drückt sich schwer verständlich aus. Er ist nervös und stottert, redet ohne Punkt und Komma oder verwendet ungebräuchliche Begriffe, Fremd- und Fachwörter.

Abhängig von den Umständen fällt es vielen Menschen schwer, sich in einem Interview sofort gut auszudrücken, sodass Sie alles verständlich aufzeichnen oder leicht protokollieren können. Achten Sie generell darauf, dass sich Ihr Gesprächspartner einfach, verständlich und anschaulich ausdrückt; bitten Sie ihn um konkrete Beispiele. Aber was können Sie tun, wenn das nicht auf Anhieb klappt?

Um konkrete Beispiele bitten

- Sagen Sie, was Sie stört: „Könnten Sie sich bitte kürzer fassen?" oder „Könnten Sie bitte versuchen, weniger Fremdwörter zu verwenden?" Beachten Sie dabei die klassischen Feedbackregeln (Kap. 2.3.2).
- Eine andere Möglichkeit: Nennen Sie schon in der Frage ein Beispiel für eine mögliche Antwort bzw. definieren Sie die Art und Weise der Antwort in der Frage genauer: „Nennen Sie mir bitte die drei größten Probleme in der Zusammenarbeit mit den anderen Teammitgliedern." oder „Beschreiben Sie bitte in drei Sätzen, welchen Einfluss das Betriebsklima Ihrer Meinung nach auf den Krankenstand hat."

3. Ihr Gesprächspartner fühlt sich durch Ihre Korrekturen schnell verunsichert. Er denkt nun mehr über Wortwahl und Satzbau nach als über seine inhaltliche Aussage.

Hier ist Fingerspitzengefühl gefordert: Wenn ein Kollege z.B. von einem Betriebsunfall mit schweren Verletzungen spricht, tut er sich verständlicherweise schwer damit, das Erlebte objektiv und präzise zu formulieren. Mahnen Sie ihn nicht zu mehr Neutralität, sondern wählen Sie einen anderen Weg: Bestärken Sie ihn und bitten Sie ihn um eine Zusammenfassung: „Das haben Sie sehr anschaulich geschildert. Es wäre schön, wenn Sie es noch einmal kurz zusammenfassen könnten."

Den Interviewten durch antizyklisches Verhalten lenken

Statt den Interviewten durch Korrekturen oder klare Anweisungen zu steuern, hat der Interviewer auch andere Möglichkeiten: Er kann selbst das gewünschte Antwortverhalten demonstrieren und er kann das Antwortverhalten des Interviewten indirekt durch antizyklisches Verhalten beeinflussen: Zu allen Gesprächsfehlern gibt es das gegenteilige Verhalten, welches Sie als Interviewer ganz gezielt zeigen können, wie Sie der unten stehenden Tabelle entnehmen können. Von dieser indirekten Form der Lenkung wird Ihr Gesprächspartner wahrscheinlich nichts bemerken.

ANTWORTVERHALTEN	GEEIGNETES ANTIZYKLISCHES FRAGEVERHALTEN
Ausschweifende Antworten	*Kurze Fragen:* „Was war dafür der Hauptgrund?"
Einsilbige Antwort: „Ich ärgere mich.", „Ja.", „Nein."	*Offene Fragestellung und weites Ausholen:* „In der Pilotphase der Gruppenarbeit muss ja schon einiges passiert sein, was Sie geärgert hat. Vielleicht sind Ihnen auch einige positive Aspekte aufgefallen. Bitte beschreiben Sie doch Ihre bisherigen Erfahrungen mit der Gruppenarbeit anhand einiger konkreter Beispiele."
Verwendung vieler Fachbegriffe oder eines bestimmten Slangs: Der Programmierer beschreibt seine Aufgabe: „Ich war für das Programming, das Prototyping ... zuständig."	*Benutzung einer bewusst einfachen Sprache oder scheinbar „dummer" Fragen:* „Beschreiben Sie doch einmal, was man unter der Herstellung eines Prototypen versteht."

> 4. Ihr Interviewpartner verschweigt Informationen, weicht Ihren Fragen aus oder verdreht die Wahrheit und schreckt auch vor unfairen Gesprächstechniken wie Provokation oder persönlichen Angriffen nicht zurück.

Das ist für den Interviewer eine schwierige Herausforderung. Wenn der Interviewte zudem noch hohe kommunikative Kompetenz besitzt, hat der Interviewer kaum eine Chance. Solche Situationen treten vor allem auf, wenn Sie Ihren Gesprächspartner mit echten Missständen, Problemen und Konflikten konfrontieren und eine Stellungnahme von ihm verlangen.

In einem solchen Fall hilft es, Stärke zu demonstrieren und sich Zeit zu lassen. Sortieren Sie in aller Ruhe Ihre Notizen und Gedanken. Das beruhigt Sie und verunsichert den Interviewten. Lassen Sie sich nicht aus dem Konzept bringen. Bleiben Sie so ruhig wie möglich und lassen Sie sich von Ihrem Gesprächspartner nicht „anstecken". Ihre Fragen müssen ruhig und sicher gestellt werden. Hören Sie sich die Antworten genau an. Wenn Sie nur eine ausweichende Antwort erhalten haben, wiederholen Sie die Frage.

Stärke demonstrieren und sich Zeit lassen

IN EINEM SOLCHEN GESPRÄCH DÜRFEN SIE NIE EINEN ZWEIFEL DARAN LASSEN, WEDER NACH INNEN NOCH NACH AUSSEN, DASS SIE DAS GESPRÄCH FÜHREN.

Sie haben das Recht und die Pflicht, Fragen zu stellen. Sollte das alles nichts nützen, ist es oft besser, das Interview zu beenden, schließlich können Sie niemanden zwingen, Ihnen offen und ehrlich Rede und Antwort zu stehen.

5. Der Interviewte antwortet nicht sofort.

Stellen Sie die gleiche Frage in abgeänderter Form nochmals und warten Sie.

Die Frage in geänderter Form nochmals stellen

Vielleicht haben Sie wenig geläufige Fachbegriffe verwendet oder sich anderweitig unverständlich ausgedrückt? Ein abgeänderter Wortlaut kann dem Interviewten dabei helfen, besser zu verstehen, worauf Sie hinauswollen. Es kann natürlich auch sein, dass der Interviewte über manche Fragen einfach nachdenken muss, ehe er antworten kann – lassen Sie ihm die Zeit.

Beispiel Wenn der Interviewer z.B. fragt: „Wie bewerten Sie in der Retrospektive das Change-Management beim Roll-out der useroptimierten Benutzeroberfläche des ERP-Programmes?", und darauf erst mal nur Schweigen erntet, kann er so umformulieren: „Finden Sie, dass die Einführung der neuen Software gut gelungen ist? Begründen Sie Ihre Meinung bitte."

6. Der Interviewte legt Imponiergehabe an den Tag.

Wie Sie in Kapitel 2.1.2 gesehen haben, enthält jede Aussage immer eine Selbstoffenbarung. Wenn dieser Aspekt bewusst in den Vordergrund gestellt wird, spricht man von Selbstdarstellung. Der Sender will dann in einem möglichst günstigen Licht erscheinen oder seine Zuhörer einschüchtern. Dazu wendet er Imponiertechniken an – in der Hoffnung, Pluspunkte zu sammeln. Zwar wirkt er dabei sehr kooperativ, aber der Interviewer erfährt nicht, was er wissen möchte, bzw. er erhält nicht genügend Sachinformationen oder er muss befürchten, dass die erhaltenen Informationen verzerrt sind. Selbstdarstellende Imponiertechniken sind offensive Techniken.

Merkmale von Imponiertechniken Es gibt einige Hinweise, an denen Sie das Imponiergehabe Ihres Gegenübers erkennen können:

- reichlicher Gebrauch von Fach- oder Fremdwörtern, um als kompetent zu gelten,
- beiläufiges Erwähnen wesentlicher Informationen, um Eindruck zu machen,
- besondere Freundlichkeit und Schmeicheln gegenüber dem Gesprächspartner,
- meinungskonformes Verhalten, um umgänglich und angenehm zu wirken,
- Herausstellen und eventuell auch Überbewertung der eigenen Leistung,
- Identifikation mit einer positiv besetzten Gruppe oder Person, welche aufgewertet wird, und Abwertung rivalisierender Gruppen,
- eventuell Machtdemonstrationen und Einschüchterungen.

Anhand dieser kleinen Checkliste sollten Sie Gesprächspartner, die Imponiertechniken zeigen, jetzt erkennen können. Speziell in Bewerbungsgesprächen ist das wichtig, um eine Aussage richtig interpretieren zu können. Wie können Sie

Ihren Gesprächspartner aber dazu bringen, sein Imponierverhalten einzuschränken?

Umgang mit dem Imponierverhalten des Gesprächspartners

- Verhalten Sie sich selbst authentisch und gehen Sie so mit gutem Beispiel voran.
- Lassen Sie sich nicht anmerken, welche Art von Antwort erwünscht ist – bzw. lassen Sie es sich nur anmerken, wenn Ihr Gesprächspartner sachlich kommuniziert. Nehmen Sie ihn dann ernst und bestärken Sie sein Verhalten. Animieren Sie ihn so zu Sachlichkeit.
- Fragen Sie nach und geben Sie sich nicht mit der erstbesten wohl klingenden Antwort zufrieden.
- Überprüfen Sie Ihr eigenes Verhalten. Sind Sie sehr kritisch und traut sich Ihr Gesprächspartner deshalb nicht mehr, offen und sachlich zu kommunizieren?
- Wechseln Sie auf die Metaebene und sprechen Sie das Gesprächsverhalten Ihres Gegenübers an.

7. Ihr Gesprächspartner baut eine Fassade auf, hinter der er sich versteckt.

Anders als das Imponiergehabe ist die Fassadentechnik defensiv. Ihr Gesprächspartner möchte unbeabsichtigte Selbstenthüllungen vermeiden und baut daher eine Fassade auf, um seine Gefühle, Beweggründe oder Ziele zu verbergen.

Wie auch das Imponiergehabe kann die Fassadentechnik bewusst eingesetzt werden, um die eigenen Ziele zu erreichen, oder dazu dienen, Defizite zu überdecken. Speziell die Fassadentechniken dürften meist dieser Furcht vor Misserfolg und dem daraus resultierenden Wunsch, persönliche Schwächen geheim zu halten, entspringen.

Den Einsatz von Fassadentechniken erkennen Sie an

Merkmale von Fassadentechniken

- dem Versuch, einem persönlichen Gespräch aus dem Weg zu gehen oder sich in der Gruppe zu verbergen,
- Auslassungen oder Schweigen,
- kreativen Umschreibungen, Bluffs und Ausschmückungen, die den Eindruck erwecken sollen, dass alles völlig in Ordnung ist, oder
- selbstverbergenden und ausweichenden Formulierungen, die sich dadurch auszeichnen, dass der Sprecher vermehrt „es", „man" und „wir" statt „ich" und „du" sagt und es vermeidet, Stellung zu beziehen.

Ein solches Verhalten kann im schlimmsten Fall, bei einer konsequenten Schweigeblockade, dazu führen, dass der Informationsgehalt des Gesprächs gegen null geht.

BEI EINEM SOLCHEN GESPRÄCHSPARTNER IST ES WICHTIG, EINE ANGENEHME ATMOSPHÄRE ZU SCHAFFEN, STÖRUNGEN AUSZUSCHALTEN, VERTRAULICHKEIT ZU GEWÄHRLEISTEN UND IHM SEINE GANZE AUFMERKSAMKEIT ZU SCHENKEN.

Unterstützen, loben und bestärken Sie ihn, wenn er sich öffnet.

8. Der Interviewpartner neigt zu demonstrativer Selbstverkleinerung.

Demonstrative Selbstverkleinerung

Ihr Gesprächspartner tut in diesem Fall genau das Gegenteil desjenigen, der Imponiertechniken anwendet: Er stellt sich als schwach, hilflos und ängstlich dar, um nicht für die Ergebnisse seines Handelns verantwortlich gemacht zu werden. Demonstrative Selbstverkleinerung ist eine defensive Technik. Dieses Verhalten soll beim Gegenüber entweder Widerspruch oder Mitleid auslösen. In Beurteilungs- oder Kritikgesprächen kann diese Taktik angewendet werden, um befürchtete Konsequenzen abzuwehren oder zumindest abzuschwächen.

Wenn Sie bei Ihrem Gegenüber diese Tendenz erkennen, seien Sie verständnisvoll und behutsam im Ton, aber bleiben Sie trotzdem hart in der Sache – vor Ihnen sitzt ein mündiger, erwachsener Mensch, der mit den Konsequenzen seines Handelns klarkommen muss.

3.4.4 Nach dem Interview

Nicht nur bei Bewerbungsgesprächen ist es sehr hilfreich, frische Eindrücke und Erinnerungen parat zu haben. Deshalb sollten Sie das Interview nach der Verabschiedung Ihres Gesprächspartners möglichst sofort auswerten und die erhaltenen Informationen verarbeiten.

Wenn das Interview veröffentlicht werden soll, sollten Sie dem Interviewpartner zuvor die Aufzeichnung (schriftliches Protokoll oder MP3) des Interviews mit der Bitte um Durchsicht und Zustimmung zur Weiterverwendung zukommen lassen.

3.5 Das Johari-Fenster im Interview

Eine Interviewsituation ist dadurch gekennzeichnet, dass zwei Personen in einem Dialog stehen. Eine der beiden Personen stellt Fragen, die andere Person antwortet – vielleicht. Sicherlich haben wir alle schon einmal beobachtet oder gespürt, dass es in Interviews einerseits Fragen gibt, die völlig unkritisch sind; andererseits werden aber häufig auch Fragen gestellt, die der Interviewte nicht beantworten will oder kann.

Das nach seinen Erfindern Joseph Luft („Jo-") und Harry Ingham („-hari") benannte Johari-Fenster (Luft, 1986) hilft uns dabei, dieses Phänomen besser zu verstehen. Es lassen sich einige interessante Schlussfolgerungen für die Interviewpraxis daraus ziehen.

Das Johari-Fenster verdeutlicht, dass Selbstwahrnehmung und Fremdwahrnehmung nicht miteinander übereinstimmen müssen: Neben dem, was einem Individuum über sich selbst bekannt ist, gibt es immer Bereiche seiner Persönlichkeit und seines Verhaltens, die ihm unbekannt sind. Dies gilt auch für diejenigen, die mit ihm interagieren: Einige Aspekte ihres Gegenübers sind ihnen bekannt, während sie anderes nicht wissen. Dementsprechend gibt es im Johari-Fenster vier verschiedene Informationsbereiche:

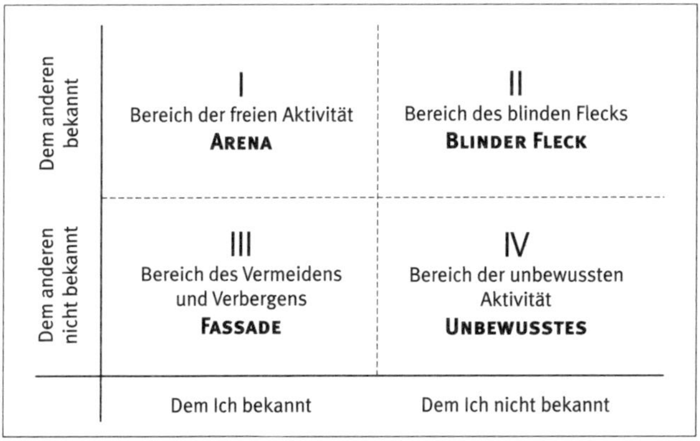

Selbst- und Fremdwahrnehmung stimmen nicht immer überein

	Dem Ich bekannt	Dem Ich nicht bekannt
Dem anderen bekannt	**I** Bereich der freien Aktivität **ARENA**	**II** Bereich des blinden Flecks **BLINDER FLECK**
Dem anderen nicht bekannt	**III** Bereich des Vermeidens und Verbergens **FASSADE**	**IV** Bereich der unbewussten Aktivität **UNBEWUSSTES**

Abb. 6: Das Johari-Fenster

Als Interviewer versuchen Sie, möglichst viel über Ihr Gegenüber oder dessen Meinung zu einem Thema zu erfahren. Dabei können Sie absichtlich oder unabsichtlich die verschiedenen Bereiche des Johari-Fensters betreten. Für Sie als Interviewer ist es sinnvoll, sich damit zu beschäftigen, welche Bereiche Sie berühren und wie Sie mit den einzelnen Bereichen umgehen möchten.

Bereich I

Gemeinsames Wissen

Dieser Bereich umfasst das gemeinsame Wissen, also jene Aspekte des Interviewthemas, die sowohl dem Interviewer als auch dem Interviewten bekannt sind. Hier erscheint ein vergleichsweise freies Handeln möglich – es handelt sich also gewissermaßen um die „öffentliche Person".

Der Interviewer kann diesen Bereich durch intensive Beschäftigung mit dem Thema und gezielte Vorinformation vergrößern. Speziell zum Einstieg in ein Interview bietet es sich an, Fragen aus diesem Bereich zu stellen. Hier sollte es für den Interviewer auch noch möglich sein, die Antworten des Interviewten einzuschätzen.

Beispiel: Ein Abteilungsleiter muss seine Mitarbeiter über die im Unternehmen anstehenden organisatorischen und personellen Änderungen informieren und die Planungen des Unternehmens loyal rechtfertigen. Er wählt dazu einen „heißen Stuhl". Berichte über die geplanten Veränderungen sind auch schon in der Betriebszeitung erschienen.

Bereich II

„Blinder Fleck"

Dieser Bereich betrifft den so genannten „blinden Fleck" des Interviewten, also jenen Teil seiner Person und seines Verhaltens, der ihm selbst nicht bewusst ist, den aber seine Umwelt und mithin der gut vorbereitete Interviewer deutlich wahrnehmen. Das können unbedachte und unbewusste Gewohnheiten und Verhaltensweisen, Vorurteile, Zu- und Abneigungen sein. Dieser Bereich wird anderen Personen beispielsweise auch nonverbal (durch Gesten, Mimik, Kleidung, Klang der Stimme, Tonfall etc.) kommuniziert und umfasst das Auftreten insgesamt.

Ein „blinder Fleck" entsteht dadurch, dass wir Informationen aus der Umwelt nicht objektiv und rational verarbeiten. Um ein positives Selbstwertgefühl aufrechtzuerhalten, neigen

Menschen dazu, Informationen selektiv wahrzunehmen und zu speichern. Diese Prozesse laufen meist unbewusst ab.

Regelmäßiges Feedback aus der Umwelt und das echte Bemühen, sich selbst ehrlich zu erkennen, helfen dabei, den „blinden Fleck" zu verkleinern.

Feedback hilft, den „blinden Fleck" zu verkleinern

ALS INTERVIEWER SOLLTE MAN SICH BEWUSST MACHEN, WELCHE THEMEN UND DAMIT WELCHE FRAGEN DIESEN BEREICH BERÜHREN, DAMIT MAN SIE GESCHICKT FORMULIERT UND SO IN DEN INTERVIEWVERLAUF EINBAUEN KANN, DASS DER GEWÜNSCHTE EFFEKT ERZIELT WIRD.

Auch um das besser einschätzen zu können, empfehlen sich eine gründliche Vorbereitung und eine Aufwärmphase mit Themen aus dem Bereich I.

Sicherlich wird es häufig vorkommen, dass der Interviewer den Interviewten, seine Meinung oder den Wert seiner Aussagen anders wahrnimmt, als der Interviewte selbst das tut. In diesem Fall stellt sich die Frage, inwiefern der Interviewer seinen Gesprächspartner das spüren lassen sollte. Wenn es tatsächlich darum geht, Informationen zu erheben, sollte jeder Interviewpartner mit dem gleichen Respekt und auf die gleiche Art und Weise behandelt werden, um sich die Kooperation bei der ausführlichen und wahrheitsgemäßen Beantwortung der Fragen zu sichern. In einigen Fällen kann aber auch eine investigativere Haltung nichts schaden.

Beispiel: Aus ihren persönlichen Netzwerken haben die Mitarbeiter Informationen über Veränderungen erhalten, die über das hinausgehen, was dem Abteilungsleiter bekannt ist. Zudem bemerken die Mitarbeiter am Verhalten ihres Vorgesetzten große Nervosität, als er über die Sicherheit der Arbeitsplätze in der Abteilung spricht.

Bereich III

Dies ist der Bereich des Verbergens und Vermeidens: Er enthält jene Aspekte unseres Denkens und Handelns, die wir vor anderen bewusst verbergen. Wir bilden eine Fassade, hinter der wir heimliche Wünsche, empfindliche Stellen oder unser Privatleben verbergen. Je mehr wir anderen vertrauen und im Umgang mit ihnen Sicherheit gewinnen, desto kleiner wird dieser Bereich.

Bereich des Verbergens und Vermeidens

Hieran sieht man, wie wichtig es für den Erfolg eines Interviews ist, dass der Interviewer für eine angenehme und vertrauensvolle Atmosphäre sorgt. Darüber hinaus muss auf respektvollen Umgang, Seriosität und Einfühlungsvermögen geachtet werden. Schwierige Fragen sollten erst im späteren Verlauf des Interviews gestellt werden, damit beide Gesprächspartner erst einmal Zeit haben, die richtige Kommunikationsebene zu finden und eine Vertrauensbeziehung aufzubauen. Sicherlich kann es – je nach Umständen des Interviews – auch helfen, dem Interviewten Anonymität zuzusichern.

VERMEIDEN SIE MANIPULATIVE ODER GESCHLOSSENE FRAGEN. MOTIVIEREN SIE DEN INTERVIEWTEN IN DIESEM BEREICH LIEBER DURCH KURZE ZWISCHENFRAGEN UND OFFENE FRAGEN ZUM REDEN.

Beispiel: Der Abteilungsleiter weiß aus einem Schreiben an die Führungskräfte des Unternehmens, dass spätestens in zwei Jahren weitere Veränderungen anstehen, die in jedem Fall mit betriebsbedingten Entlassungen verbunden sein werden. Die Geschäftsführung hat die Anweisung erteilt, mit den Mitarbeitern nur über die aktuellen Maßnahmen zu sprechen. Entsprechend sieht sich der Abteilungsleiter gezwungen, diese Information auf dem „heißen Stuhl" vor seinen Mitarbeitern zu verbergen.

Bereich IV

Der unbewusste Bereich, der niemandem frei zugänglich ist

Dies ist der unbewusste Bereich, der weder dem Interviewer noch dem Interviewten unmittelbar zugänglich ist. Hier mögen verborgene Talente, ungenützte Begabungen oder auch verdrängte Informationen schlummern.
Beispiel: Der Abteilungsleiter hat einige Informationen, die er von sich aus weitergeben wollte, vergessen, weil ihn kritische Fragen und die schlechte Stimmung während der Veranstaltung stark unter Druck gesetzt haben.

4 FRAGETECHNIKEN FÜR DAS MITARBEITER-GESPRÄCH

Bevor wir uns den Ausprägungen des Interviews im Personalwesen widmen, werden wir uns in diesem Kapitel zunächst mit etwas befassen, das eine grundlegende Voraussetzung für das Führen von Interviews ist – nämlich mit Fragetechniken.

Der US-amerikanische Astronom Carl Sagan (1934–1996) soll gesagt haben: „Es gibt naive Fragen, langweilige Fragen, schlecht formulierte Fragen, Fragen, die nach unzureichender Selbstkritik gestellt werden. Aber jede Frage ist ein Aufschrei, die Welt verstehen zu wollen. Es gibt keine dummen Fragen."

Es gibt keine dummen Fragen

4.1 Begriffsbestimmung: Was hat es mit Fragen auf sich?

4.1.1 Definition

Als Fragetechnik bezeichnet man den Einsatz von verschiedenen Fragetypen zur gezielten Gesprächsführung. Unter einer Frage wiederum versteht man im Allgemeinen eine sprachliche Aufforderung bzw. einen Satz, der eine Antwort herausfordert und mit dem das Ziel verfolgt wird, vom Gesprächspartner bestimmte Informationen zu erhalten.

Dieser Definitionsansatz sollte noch etwas erweitert werden: Eine Frage muss nicht zwangsläufig eine *sprachliche* Aufforderung sein. Oft genügen Gesten (etwa eine gerunzelte Stirn, ein Blick oder eine Handbewegung), um beim aufmerksamen Gesprächspartner ein Antwortverhalten auszulösen.

EINE FRAGE KANN DEMNACH AUCH NONVERBAL GESTELLT WERDEN.

Neben der Informationsbeschaffung kann man mit Fragen – verbal wie nonverbal – auch verschiedene andere Ziele verfolgen. Man kann ...

Ziele, die man mit Fragen verfolgen kann

- Aufmerksamkeit hervorrufen und steuern,
- den Gesprächspartner einbeziehen und ihm damit Wertschätzung entgegenbringen,
- den Gesprächspartner zum Nachdenken anregen und motivieren,
- jemanden überzeugen,

- ein Gespräch in Gang bringen, strukturieren und lenken (denken Sie an das altbekannte Motto „Wer fragt, der führt"),
- eine Bitte äußern.

Der nonverbale Ausdruck ist in der Fragetechnik von großer Bedeutung

Wie wir bereits festgestellt haben, ist der nonverbale Ausdruck speziell in der Fragetechnik von großer Bedeutung. Theoretisch wäre das Heben der Stimme am Ende eines Fragesatzes zwar nicht notwendig, da eine Frage entweder durch ein Fragewort oder durch das vorangestellte Verb bereits ausreichend gekennzeichnet ist.

Zur einfacheren und möglichst unmissverständlichen Verständigung sollte eine Frage als solche aber auch durch die Modulation der Stimme (Betonung, Tonhöhe, ansteigender Tonverlauf, gemäßigtes Sprechtempo, Sprechpausen) sowie durch Blickkontakt, aufmerksame Mimik und eine zugewandte Körperhaltung erkennbar sein.

Fragen dienen der Gesprächssteuerung

Fragen dienen unter anderem der Gesprächssteuerung – in dieser Hinsicht haben sie also einen direktiven Charakter, der folgende Extrempole haben kann:

- Im einen Extremfall können Fragetechniken manipulativ eingesetzt werden (etwa im Verkauf).
- Demgegenüber steht eine Gesprächsführung, die sich zwar der Fragetechnik bedient, die Beeinflussung jedoch so gering wie möglich halten möchte (nondirektive Gesprächsführung in Marktforschung oder Therapie).

4.1.2 Fragetechnik in Kommunikationsmodellen

Hier greifen wir zwei der bereits intensiv in Kapitel 2.1 diskutierten Kommunikationsmodelle auf, um deren Aussagen in Bezug auf Fragen zu analysieren.

DAS KLASSISCHE KOMMUNIKATIONSMODELL NACH SHANNON & WEAVER (1976)

Das klassische Kommunikationsmodell basiert auf der bereits erläuterten Teilung in Sender, Botschaft und Empfänger (vgl. Kap. 2.1.1). Es erlaubt uns, den Frage-Antwort-Prozess genauer zu analysieren und die jeweiligen Aufgaben von Sender und Empfänger näher zu betrachten. Abb. 7 veranschaulicht den Prozess, in den eine einzelne Frage eingebettet ist.

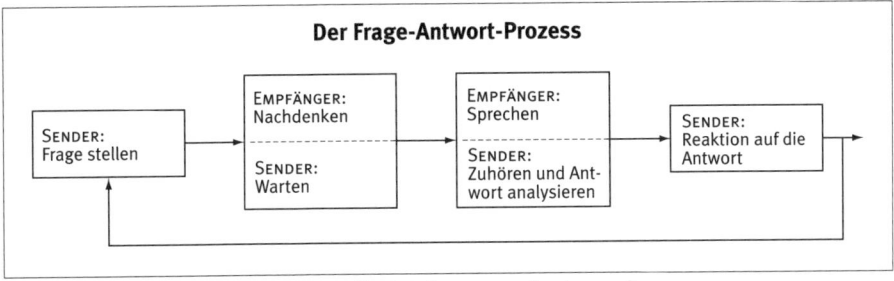

Abb. 7: Der Frage-Antwort-Prozess (in Anlehnung an Saul, 1999)

Aus dem hier dargestellten Frage-Antwort-Prozess können wir
einige Konsequenzen für das Mitarbeitergespräch ableiten:

Ableitungen für das Mitarbeitergespräch

- Zeigen Sie durch die verbale und nonverbale Gestaltung
  Ihrer Aussage, dass es sich um eine Frage handelt und dass
  Sie von Ihrem Gesprächspartner eine Antwort erbitten. Lassen Sie Ihrem Gesprächspartner also genügend Zeit, die
  Frage zu verarbeiten und eine Antwort zu entwickeln.
- Hören Sie genau zu und achten Sie darauf, ob Ihre Frage
  korrekt beantwortet wurde und ob die Antwort die benötig-
  te Information enthält. Je nach Antwort werden Sie nun
  noch einmal nachfragen und um weitere Erklärungen bitten
  müssen oder die nächste Frage stellen können.

DAS KOMMUNIKATIONSQUADRAT VON SCHULZ VON THUN (1981)

Wie wir schon gesehen haben, geht Schulz von Thun davon
aus, dass jede Äußerung vier Seiten hat, die beachtet werden
müssen, um sie zu verstehen (vgl. Kap. 2.1.2). Bezogen auf
Fragen bedeutet das:

- Der SACHASPEKT gibt an, worüber der Gesprächspartner informiert – bei einer Frage also darüber, dass er etwas wissen möchte.
- Der SELBSTOFFENBARUNGSASPEKT beinhaltet die Informationen, die der Fragende über sich selbst preisgibt – z.B.,
  welche Wissenslücken er hat.
- Der BEZIEHUNGSASPEKT zeigt, was der Fragende vom Ge-
  fragten hält und wie er zu diesem steht – z.B., dass er ihn für
  kompetent genug hält, die Frage zu beantworten.
- Der APPELLASPEKT drückt sich in der – in einer Frage sehr
  expliziten – Aufforderung aus, etwas zu tun oder zu denken – z.B. dem Appell, die gestellte Frage zu beantworten.

Entsprechend diesen vier in jeder Äußerung enthaltenen Botschaften wird zum einen der Gefragte analysieren, welche unausgesprochenen Botschaften hinter einer Frage stehen; zum anderen muss auch der Fragende sehr genau erforschen, welche Botschaften womöglich nicht explizit ausgesprochen wurden.

Die folgenden beiden Beispiele sollen deutlich machen, wie leicht es auch im Frage-Antwort-Prozess zu Missverständnissen kommen kann und wie wichtig es ist, gut zuzuhören und klärende Rückfragen zu stellen.

Beispiele   **PRAXIS**

① Anlässlich der Einführung des neuerdings tarifvertraglich vorgeschriebenen Personalbeurteilungssystems fragt der Personalberater einen Mitarbeiter in sehr sachlichem Ton, ob dieser das System für sinnvoll hält. Da der Gefragte vermutet, dass auf der Grundlage der Personalbeurteilungen Mitarbeiter entlassen werden sollen, möchte er sich kooperativ zeigen und antwortet: „Ja, ja …". Die rein sachorientierte Haltung des Beraters hat der Mitarbeiter nicht bemerkt; so wie der sachliche Berater die Bedeutung der Antwort des Mitarbeiters nicht bemerkt, da er kein „Ohr" für dessen Betonung hat.

② Die Führungskraft fragt ihren Mitarbeiter: „Auf dem letzten Meeting haben Sie so gut wie nichts gesagt – was war denn los?" Sie misst der Sachebene große Bedeutung bei und will auf dieser nichts anderes sagen als „Ihre Redeanteile waren gering". Doch beim Mitarbeiter kommt an „Er beobachtet mich" oder „Ich soll mehr reden" oder „Der Chef ist von mir enttäuscht".
(In Anlehnung an Patrzek, 2005).

4.1.3 Richtig fragen

Grundregeln der Fragetechnik

Wenn man davon ausgeht, dass die Qualität einer Antwort von der Art der Frage und ihrer Formulierung abhängt, ist es wichtig, sich mit einigen Grundregeln der Fragetechnik auseinanderzusetzen. Wie sollten Sie also Fragen stellen, wenn Sie ein kooperatives Gesprächsklima schaffen wollen?

GRUNDSÄTZLICH SOLLTEN FRAGEN PERSÖNLICH, AKTIVIE-
REND, KURZ, KONKRET UND OFFEN GESTELLT WERDEN.

Durch die Beachtung dieser Kriterien wird gewährleistet, dass eine Frage den Gesprächspartner zum Nachdenken anregt und nicht verwirrt.

Grundregeln der Fragetechnik   **P R A X I S**

- Formulieren Sie **konkret** das Ziel, das Sie mit der Frage erreichen möchten.
- Diskutieren Sie nicht über die Formulierung, sondern über den Inhalt der Frage.
- Formulieren Sie Ihre Fragen **umkehrbar,** d.h., sprechen Sie Ihren Gesprächspartner so an, wie er Sie ebenfalls ansprechen könnte. Hilfreich ist es, dabei Ich-Botschaften zu verwenden (also z.B. „Habe ich mich nicht richtig ausgedrückt? Ich meinte ..." statt „Haben Sie mich etwa falsch verstanden?"; „Sind Sie sicher, dass das funktioniert?" statt „Das geht so nicht!").

  Umkehrbar formulieren

- Vermeiden Sie Frageketten. Sie können den Befragten verwirren und er beantwortet womöglich nicht alle Fragen, sondern nur die, die ihm am angenehmsten sind. STELLEN SIE ALSO IMMER NUR EINE FRAGE UND WARTEN SIE DANN DIE ANTWORT AB.

  Frageketten vermeiden

- Vermeiden Sie in Ihren Fragen die Verwendung von Schlagwörtern. Diese können zu Polarisierungen oder ungewollten Assoziationen verleiten.
- Halten Sie keinen „Fragemonolog", indem Sie zu jeder Frage eine lange Einleitung halten. Das verwirrt den Befragten: Er weiß womöglich nichts mit der Information anzufangen.
- Nehmen Sie in Ihrer Vorrede keinesfalls mögliche Antworten vorweg und zeigen Sie Ihre eigene Meinung nicht zu deutlich – sonst erhalten Sie nicht die ungefilterte Meinung des Befragten. Lassen Sie also genügend Freiräume für die Antwort und reagieren Sie sofort darauf, wenn Sie bei einer Antwort vermuten, dass diese nicht der eigentlichen Meinung des Befragten entspricht, sondern sozialen Zwängen entspringt.

  Keinesfalls mögliche Antworten vorwegnehmen

- Stellen Sie Fragen so, dass klar ist, worauf Sie hinauswollen. Diffuse Fragen verwirren den Gesprächspartner und führen zu vagen, wenig aussagekräftigen Antworten. Stellen Sie doch einmal eine diffuse Frage, kann es sein, dass Ihr Gesprächspartner nachfragt. Sie sollten also über ausreichend Hintergrundinformationen zur Fragestellung und zu verwandten Themen verfügen.

Warum-Fragen vermeiden, sparsam verwenden

- Die Warum-Frage kann dem Befragten weh tun: Sie ist oft schwer zu beantworten und erinnert, kombiniert mit dem passenden Tonfall, sehr an ein Verhör. Daher gilt, ganz gleich welche Fragen Sie stellen:

DER BEFRAGTE SOLLTE SICH NICHT VERHÖRT FÜHLEN.

Er wird sonst wahrscheinlich blockieren und zu Ausreden greifen. Ihr Informationsgewinn ist dann gering. Stellen Sie besser wohlwollende Fragen.

Zwischenfragen – nur in Ausnahmefällen

- Manchmal kann eine Zwischenfrage sinnvoll sein. Oft genug führt sie allerdings dazu, dass sich der Befragte manipuliert fühlt und „dichtmacht". Lassen Sie ihn also ausreden und fragen Sie erst dann gezielt nach.

- Stellen Sie **keine verneinten Fragen.** Antworten darauf sind oft mehrdeutig oder schwer zu verstehen, da es zu einer doppelten Verneinung kommen kann. *Beispiel:* „Haben Sie den Auftrag erledigt?" ist eine klare Frage. „Haben Sie den Auftrag nicht erledigt?" ist nicht das Gegenteil davon, sondern kann auch implizieren, dass der Fragende vermutet, der Befragte habe vergessen, den Auftrag auszuführen. Wichtig ist hier der Tonfall. Obwohl es sich um eine geschlossene Frage handelt, ist eine einfache Antwort mit „Ja" oder „Nein" nicht ohne weiteres möglich, da sie oft missverstanden wird.

- Stellen Sie Fragen verschiedenen Typs, um stereotype Antwortschemata zu vermeiden.

- Fragen Sie strukturiert und halten Sie sich an ein Phasenschema oder besser noch an einen **Interviewplan.** Dem Befragten ist es so leichter möglich, Ihnen zu folgen und Ihre Fragen wunschgemäß zu beantworten.

Erst nach und nach in die Tiefe gehen

- Tasten Sie sich langsam an das Thema heran. Beginnen Sie die Fragestellung lieber auf einem höheren Abstraktionsniveau und gehen Sie nach und nach in die Tiefe.

Die Einhaltung all dieser Regeln ist sehr wichtig. Noch wichtiger ist jedoch Ihre Einstellung als Gesprächsführer gegenüber Ihrem Gesprächspartner:

SIE SOLLTEN IHREN GESPRÄCHSPARTNER ERNST NEHMEN UND IHM WERTSCHÄTZUNG ENTGEGENBRINGEN.

Sofern Sie als Führungskraft mit einem Ihrer Mitarbeiter sprechen, sollten Sie Ihre Positionsmacht nicht allzu deutlich zeigen, um die Distanz zwischen Ihnen möglichst gering zu halten und ein offenes Antwortverhalten zu fördern. Mithilfe von Körpersprache, Tonfall, Art der gestellten Fragen und nicht zuletzt auch durch die äußeren Rahmenbedingungen des Gesprächs können Sie die Gleichwertigkeit der Gesprächspartner betonen.

4.1.4 Fragekompetenz

Die richtigen Fragen zu stellen kostet Zeit und Mühe. Als Führungskraft sollten Sie diese Zeit und Mühe unbedingt investieren, um unnötige Missverständnisse und Reibungsverluste und dadurch noch größere Verluste an Zeit und Geld zu vermeiden.

Als fragekompetent bezeichnet man eine Person, die es versteht, die vielfältigen Funktionen von Fragen gezielt zu nutzen, um dadurch ihre Gesprächspartner zu motivieren und selbst effizient Informationen zu sammeln.

Definition: „Fragekompetenz"

Um Fragen in dieser Art und Weise stellen zu können, müssen neben umfangreichem Wissen über Fragearten und Fragetechnik diese Voraussetzungen erfüllt sein:

Voraussetzungen

- Empathie hilft dabei, eine Situation und seinen Gesprächspartner richtig einzuschätzen, um passend reagieren zu können.
- Der Fragende sollte sich in Sprachstil, -niveau und Wortwahl an seinen Gesprächspartner anpassen können. Manche Gesprächssituationen erfordern Zielstrebigkeit und Durchsetzungsvermögen, andere eher Zurückhaltung und Geduld. Um den Gesprächspartner schnell und präzise einschätzen zu können, benötigt man Menschenkenntnis.
- Der Fragende sollte die richtige Atmosphäre schaffen können.

- Er muss über ausreichend Hintergrundwissen zu dem infrage stehenden Themengebiet verfügen.
- Kommunikationstalent, Argumentationsgeschick und Formulierungskunst helfen dabei, die richtigen Worte zu finden.
- Außerdem ist es sehr hilfreich, wenn man spontan sein und schnell schlussfolgern und reagieren kann.
- Und schließlich ist es sehr praktisch, wenn man schnell Sympathiepunkte bei seinen Gesprächspartnern sammeln und Vertrauen aufbauen kann.

Fragekompetenz bezeichnet also nicht die Fähigkeit, jemanden auszutricksen und ihm Bekenntnisse zu entlocken, die man für eigene Zwecke verwenden kann.

FRAGEKOMPETENZ ZEIGT SICH GANZ IM GEGENTEIL DARIN, DASS BEIDE GESPRÄCHSPARTNER IHRE ZIELE ERREICHEN, OHNE DASS DER INTERVIEWER UNFAIR HANDELT ODER DEM INTERVIEWTEN ZU NAHE TRITT.

Reflexionsfähigkeit

Um dieses Ideal zu erreichen, ist ein hoher Grad an Reflexionsfähigkeit notwendig. Der Fragende muss sein Gesprächsverhalten ständig im Auge behalten und analysieren, um in der Lage zu sein, die richtigen Fragen auf die richtige Art und Weise zu stellen.

Die Höhe der Fragekompetenz und die Güte der gestellten Fragen bemessen sich an der Qualität der erhaltenen Antworten. Um gute Antworten zu erhalten, ist es nicht nur wichtig, gute Fragen zu stellen, sondern auch, selbst Antworten und

Vertrauen

Informationen preiszugeben. Das erfordert Vertrauen. Und Vertrauen kann durch

- Authentizität,
- Sympathie und
- Offenheit aufgebaut werden.

AUTHENTIZITÄT

Wer das denkt und fühlt, was er sagt, und wer das sagt, was er auch tut, wirkt authentisch. Solchen Personen gegenüber fasst man schnell Vertrauen. Das liegt vor allem daran, dass sie einschätzbar sind und man nicht mit Hintergedanken rechnen muss.

SYMPATHIE

Einem sympathischen Gesprächspartner gegenüber sind die meisten Menschen mitteilsam. Ob einer Person eine andere sympathisch ist oder nicht, entscheidet sich zwar innerhalb sehr kurzer Zeit – nämlich nach dem oft zitierten ersten Eindruck – und ist dann nur noch schwer zu ändern.

ABER SYMPATHIE IST KEIN ZUFALL UND KANN SOMIT BEEINFLUSST WERDEN.

Im Folgenden sind Faktoren zusammengestellt, die die Sympathie zu einem Menschen beeinflussen.

Faktoren, die die Sympathie zu einem Menschen beeinflussen

- DIE WAHRGENOMMENE ÄHNLICHKEIT: Um diesen Faktor zu begünstigen, sollte der Interviewer keine zu große Distanz aufkommen lassen. Dazu können die Wahl der Örtlichkeit, der Bekleidungs- und Sprachstil, die Art der Selbstdarstellung und geäußerte Meinungen beitragen. Natürlich darf das aber kein „So tun, als ob"-Spiel werden, denn darunter würde die Authentizität leiden.
- ÄUSSERE ATTRAKTIVITÄT DES INTERVIEWERS: Dass ein gepflegt wirkender und attraktiver Mensch eine angenehmere Gesellschaft zu sein scheint als ein ungepflegter, zumindest solange man die betreffende Person noch nicht näher kennt, hat sicher jeder schon einmal erlebt. Und vermutlich auch die unangenehmen Irrtümer, die daraus entstehen können. Menschen neigen dazu, vom Attraktivitätsgrad auf andere positive Eigenschaften zu schließen.
- POSITIVE VERSTÄRKUNG UND KOMPLIMENTE: Wer Gutes tut oder Nettes sagt, wird als angenehmerer Gesprächspartner wahrgenommen als jemand, der unangenehme Wahrheiten mitteilt.
- DIE WAHRGENOMMENE VERTRAUTHEIT: Wenn man glaubt, jemanden zu kennen, schon einmal in Kontakt zu ihm stand oder bereits erste Kooperationserfahrungen gemacht hat, wird das mit einem Vertrauensvorschuss belohnt.
- POSITIVE ASSOZIATIONEN IN ZUSAMMENHANG MIT EINER PERSON: Wer positive Gedanken auslöst, weil er mit angenehmen Dingen oder Situationen assoziiert wird, wird leichter zum Sympathieträger als jemand, der immer die schlechten Nachrichten überbringen muss, auch wenn jeder weiß, dass er diese nicht zu verantworten hat.

Zu diesen Faktoren kommen auch einige a priori nicht vorhersagbare Faktoren hinzu. Sympathie ist nicht alleine durch eine gute schauspielerische Leistung in Bezug auf die oben genannten Faktoren herstellbar.
Nebenbei bemerkt: Diese Ausführungen sollen keine Anleitung zum Einschmeicheln sein!

IN ERSTER LINIE IST ES WICHTIG, IN GESPRÄCHS- ODER INTERVIEWSITUATIONEN AUTHENTISCH ZU BLEIBEN.

Dennoch sollte man, zum Beispiel bei der Auswahl der Interviewer oder bei deren Schulung, darauf achten, dass diese ihren Gesprächspartner nicht unbewusst und unabsichtlich vor den Kopf stoßen, sondern den einen oder anderen Sympathiepunkt gewinnen.

OFFENHEIT

Die Bereitschaft, sich zu öffnen, schafft Vertrauen

In einer Interviewsituation oder in einem Gespräch zwischen Vorgesetztem und Mitarbeiter ist die Rollenverteilung klar: Einer fragt, der andere muss antworten. Aber auch in solchen Situationen gilt die allgemeine Gesprächsregel, dass die Bereitschaft, sich zu öffnen und etwas von sich preiszugeben, Vertrauen schafft.

WER MIR VERTRAUT UND DAS BEWEIST, INDEM ER SICH MIR ÖFFNET, DEM VERTRAUE ICH AUCH.

Für den Interviewer kann es nur von Vorteil sein, wenn ihm der Interviewte Vertrauen entgegenbringt.
Neben dem Vertrauensgewinn erzeugt das Sichöffnen bei vielen Interviewten noch einen weiteren Effekt: Wer mir entgegenkommt, dem sollte ich ebenfalls entgegenkommen, damit mein „Konto" wieder ausgeglichen ist. Wie weit das „Konto" in die roten Zahlen rutscht und wie groß das gewonnene Vertrauen ist, hängt maßgeblich davon ab, welche Informationen weitergegeben werden.
Wenn etwas Vertrauliches mitgeteilt wird, das nicht mitgeteilt werden müsste, sind die angesprochenen Effekte umso größer. Wenn etwas mitgeteilt wird, das sowieso allgemein bekannt ist, verpufft der Effekt hingegen.

4.2 Fragekategorien und -typen

Es gibt eine Vielzahl unterschiedlicher Fragetypen. Um die nötige Übersichtlichkeit zu gewährleisten, werden die Fragen im Folgenden in verschiedene Kategorien eingeteilt, innerhalb derer wiederum einzelne Fragetypen differenziert werden. Diese Kategorien sind manchmal nicht trennscharf voneinander zu unterscheiden, weshalb einige Fragetypen, da sie verschiedene Merkmale aufweisen, mehreren Kategorien zugeordnet werden.

Zudem gibt es etliche Fragetypen, die sich oft nur im Detail voneinander unterscheiden oder die einem sehr spezifischen Hintergrund (z.B. Systemtheorie oder NLP) oder Anwendungsgebiet (z.B. Bewerbungsgespräche) entstammen. Vergleichen Sie hierzu die betreffenden Kapitel in diesem Buch oder die einschlägige Fachliteratur.

4.2.1 Direkte und indirekte Fragen

Direkte Fragen enden immer mit einem Fragezeichen. Dazu zählen zum Beispiel die klassischen W-Fragen, die mit einem Fragewort beginnen. Wenn auch noch die Betonung stimmt, sind direkte Fragen sehr leicht als solche erkennbar. Abgesehen von einigen Ausnahmen sind sie unmissverständlich und haben einen eindeutigen Aufforderungscharakter. Es ist klar ersichtlich, dass eine Antwort erwartet wird (wobei die Beantwortung selbst natürlich je nach Situation inhaltlich schwierig sein kann).

Direkte Fragen enden grundsätzlich mit einem Fragezeichen

DIREKTE FRAGEN KÖNNEN SOMIT GUT ZUR GESPRÄCHSSTEUERUNG EINGESETZT WERDEN.

Bei indirekten Fragen sieht die Sachlage anders aus. Sie haben nicht die grammatische Form einer Frage, beginnen nicht mit einem Fragewort und in geschriebener Form steht kein Fragezeichen am Ende – gleichwohl haben sie den Charakter einer Frage. Aufgrund dieser Uneindeutigkeit können indirekte Fragen leichter, vielleicht auch absichtlich, überhört werden. Kenntlich gemacht werden indirekte Fragen vor allem durch eine ansteigende Satzmelodie und Blickkontakt. Sie haben eine geringere steuernde Wirkung als direkte Fragen – sehen Sie sich dazu das folgende Beispiel an:

Indirekte Fragen haben nicht die grammatische Form einer Frage

- Direkte Frage: „Wann haben Sie die Anlage in Betrieb genommen?"
- Indirekte Frage: „Mich würde interessieren, wann die Anlage in Betrieb genommen wurde."

4.2.2 Projektive und nichtprojektive Fragen

In der Psychoanalyse versteht man unter „Projektion" einen Mechanismus, bei dem unbewusst eigene Eigenschaften, Gefühle oder Wünsche auf einen anderen Menschen oder Gegenstand übertragen werden. Entsprechend fragt man mit einer projektiven Frage nach diesen anderen Menschen und Gegenständen, um so Informationen über die nicht direkt zugänglichen – meist unangenehmen oder verleugneten – Eigenschaften, Gefühle und Wünsche des Befragten zu erhalten.

THEMENBEREICHE, VON DENEN ANZUNEHMEN IST, DASS SIE DEM INTERVIEWTEN UNANGENEHM SIND, UND DIE ER DESHALB NICHT OFFEN PREISGEBEN WIRD, KÖNNEN ENTSPRECHEND MIT PROJEKTIVEN FRAGEN ERKUNDET WERDEN.

Nichtprojektive Fragen sind im Gegensatz dazu die „normalen" Fragen. Mit ihnen fragt man direkt nach dem relevanten Tatbestand. Dadurch weiß der Interviewte genau, worum es geht. Er kann, sofern er möchte, eine sehr genaue Antwort geben und das Informationsbedürfnis des Fragestellers befriedigen. Da er erkennt, worum es in der Frage geht, kann er aber auch ausweichen, eine Fassade aufbauen, sozial erwünscht antworten oder sogar von der Wahrheit abweichen.

Projektive Fragen im Vorstellungsgespräch

Insbesondere in Bewerbungsgesprächen kann man gut mit projektiven Fragen arbeiten, wenn man etwas über die Stärken und Schwächen eines Kandidaten erfahren möchte, denn auf eine nichtprojektive Frage nach persönlichen Stärken bzw. Schwächen („Was sind Ihre Stärken?") erhält man oft nicht die erhoffte Antwort. In solchen Fällen bieten sich daher projektive Fragen an: Sie bezeichnen zwar das Thema, um das es geht, verfremden es aber so, dass der Interviewte nicht direkt erkennt, worum es tatsächlich geht. Man kann davon ausgehen, dass sich der Charakter oder die Einstellung des Interviewten in seiner Antwort widerspiegeln.

Hierbei kann man wiederum zwei Formen projektiver Fragen unterscheiden:

- Bei der DIREKT PROJEKTIVEN FRAGE, beispielsweise „Was würde Ihr bester Freund über Ihre Stärken sagen?", kann man davon ausgehen, dass der Interviewte nicht ausschließlich das widergibt, was sein bester Freund nach seiner Ansicht für seine Stärken hält, sondern dass er sich bei seiner Antwort vor allem darauf bezieht, was er selbst für seine Stärken hält.

Direkt projektive Fragen

- Noch mittelbarer ist die INDIREKT PROJEKTIVE FRAGE, beispielsweise „Was würden Sie über die Stärken Ihres besten Freundes sagen?". Auch hier erwartet der Interviewer weniger eine Aussage über die Stärken des besten Freundes, sondern er geht davon aus, dass der Befragte eigene Stärken in seine Antwort projiziert.

Indirekt projektive Fragen

Der Vorteil dieser Art von Fragestellungen ist, dass der Befragte sich weniger leicht verstellen kann als bei nichtprojektiven Fragen: Schließlich ahnt er höchstens, worum es geht. Außerdem kann der Befragte durch die projektive Frageweise zumeist auch dann auf Fragen antworten, wenn er sich noch gar nicht mit dem jeweiligen Thema beschäftigt hat. Ein weiterer Vorteil: Diese Form der Fragestellung weckt Erinnerungen, schafft Assoziationen und regt den Befragten an. Sie motiviert so zu mehr Redefluss und Auskunftsbereitschaft.

DIE ANTWORTEN AUF PROJEKTIVE FRAGEN MÜSSEN ALLERDINGS MIT VORSICHT INTERPRETIERT WERDEN.

Vorsicht bei der Interpretation der Antworten auf projektive Fragen

Möglicherweise hat der Gesprächspartner die Frage ja völlig korrekt beantwortet, indem er uns etwas von seinem Freund erzählt hat. In diesem Fall könnten wir mit der Antwort nichts anfangen. Im Gegenteil: Wir könnten durch die Antwort sogar zu falschen Schlussfolgerungen verleitet werden, wenn wir nicht bemerken, dass es darin tatsächlich um den Freund geht.

4.2.3 Offene und geschlossene Fragen

Die wohl bekannteste Kategorisierung von Fragetypen dürfte die Einteilung in offene und geschlossene Fragen sein, wobei offene Fragen manchmal auch als Ergänzungsfragen und geschlossene Fragen als Entscheidungsfragen bezeichnet werden.

OFFENE ODER ERGÄNZUNGSFRAGEN

Offene Fragen beginnen mit einem Fragewort, welches eine mehr oder weniger ausführliche Antwort erfordert, die durch die Fragestellung nicht prinzipiell eingeschränkt ist. Eine Antwort mit „Ja" oder „Nein" bzw. in nur einem Wort ist lediglich in Ausnahmefällen möglich.

Mit einer offenen Frage lassen Sie dem Befragten großen Freiraum hinsichtlich Formulierung und Inhalt seiner Antwort. Sie beteiligen den Angesprochenen inhaltlich und persönlich, Sie fordern ihn auf, aktiv zu werden und Stellung zu nehmen.

DA OFFENE FRAGEN ECHTES INTERESSE AM GESPRÄCHSPARTNER AUSDRÜCKEN UND IHN NICHT EINENGEN, WERDEN SIE ALS PARTNERSCHAFTLICH UND WERTSCHÄTZEND ERLEBT.

Offene Fragen haben eine große Bedeutung für die Beziehungsebene des Gesprächs

Sie haben also auch für die Beziehungsebene des Gesprächs eine große Bedeutung. Als Interviewer kann Ihnen das Gespräch allerdings auch entgleiten, wenn Sie viele offene Fragen stellen – nämlich dann, wenn der Befragte dazu tendiert, vom Thema abzuschweifen. Um das zu verhindern, sollten Sie das Gespräch auf der Metaebene aufmerksam beobachten und gegebenenfalls lenkende Fragen stellen, um das Gespräch wieder in die von Ihnen vorgesehene Bahn zu lenken.

Fragewörter für offene Fragen **PRAXIS**

- Wer, was, welcher, wem, wen, wessen? (Fragen nach Personen)
- Was für ein ...? (Fragen nach der Beschaffenheit)
- Wo, wohin, woher? (Fragen nach dem Ort)
- Wann, wie lange, wie oft? (Fragen nach der Zeit)
- Wie viele? (Fragen nach der Menge)
- Wie, womit? (Fragen nach der Methode)
- Weshalb, warum, weswegen, wieso? (Fragen nach der Ursache)
- Woran, wobei, wogegen, wonach, wofür, wozu, für was, mit was? (Fragen nach Sachverhalten)
- Etc.

Eine besondere, verdeckte Form der offenen Frage liegt im folgenden Beispiel vor: „Können Sie mir erklären, wie der hohe Ausschuss an der Maschine HK512 zustande kommt?"

Verdeckte Form der offenen Frage

Auf den ersten Blick könnte man meinen, es handele sich bei dieser Frage um eine klassische Entscheidungsfrage (s.u.), auf die der Befragte nur mit „Ja" oder „Nein" zu antworten braucht. Aber: Die Frage ist zwar so formuliert, dass – rein logisch betrachtet – eine Antwort mit „Ja" oder „Nein" korrekt wäre; tatsächlich aber wird hier eine offene Frage formuliert. Diese Frageform wird oft benutzt, wenn der Fragende besonders höflich sein möchte. Da diese Art der Fragestellung nicht sonderlich zielführend ist und aufgrund ihrer unklaren Formulierung viel Aufmerksamkeit vom Befragten erfordert, sollten Sie sie vermeiden. Besser wäre, um zum obigen Beispiel zurückzukommen, folgende Formulierung: „Erklären Sie mir bitte, wie der hohe Ausschuss an der Maschine HK512 zustande kommt."

GESCHLOSSENE ODER ENTSCHEIDUNGSFRAGEN

Geschlossene Fragen beginnen mit einem Verb. Sie lassen nur wenige Antwortmöglichkeiten zu – in den meisten Fällen nur „Ja" oder „Nein".

SIE SIND GUT GEEIGNET, UM DEN WAHRHEITSGEHALT DES IN DER FRAGE FORMULIERTEN SACHVERHALTS ZU PRÜFEN.

Offene Fragen spezifizieren im Gegensatz dazu einen bestimmten Aspekt des gesamten Sachverhalts.

Durch die begrenzten Antwortmöglichkeiten zwingen geschlossene Fragen den Gesprächspartner zu einer eindeutigen Stellungnahme. Sie bringen somit wenig neue Information, sondern präzisieren oder bestätigen einen bereits bekannten Sachverhalt.

Aufgrund ihres einschränkenden Charakters wirken sie stark steuernd. Diese Steuerung kann helfen, das Gespräch zu lenken und zu strukturieren oder die Aufmerksamkeit des Gesprächspartners auf einen bestimmten Punkt zu fokussieren. Sie kann aber auch Widerstand hervorrufen, wenn sich der Befragte zu stark eingeschränkt fühlt.

Geschlossene Fragen haben eine stark steuernde Wirkung

Mit geschlossenen Fragen zwingen Sie den Befragten, sich kurzzufassen, Sie sparen Zeit und haben die Fäden des Gesprächs in der Hand. Allerdings erhalten Sie in der Regel keine neuen oder weiterführenden Informationen und riskieren, dass der Gesprächspartner sich ausgefragt und verhört fühlt.

Varianten geschlossener Fragen

Geschlossene Fragen können in verschiedenen Varianten auftreten:

- Bei der KLASSISCHEN ENTSCHEIDUNGSFRAGE muss zur Bestätigung mit „Ja" und zur Verneinung mit „Nein" geantwortet werden. Je nach Situation können auch andere Antwortwörter verwendet werden (verstärkend: „Gewiss", „Sicher", „Bestimmt", „Unbedingt", „Keineswegs"; abschwächend: „Vielleicht", „Möglicherweise", „Wahrscheinlich", „Kaum" etc.).
- Auf eine VERNEINTE FRAGE (z.B. „Haben Sie den Vorgang nicht geprüft?") muss zur Bestätigung mit „Nein" und zur Verneinung mit „Ja" oder „Doch" geantwortet werden. Da es so zu doppelten Verneinungen kommen kann, ist diese Frageform verwirrend und missverständlich. Sie sollte also vermieden werden.
- Die VERGEWISSERUNGSFRAGE mit „nicht" verhält sich allerdings wie die klassische Entscheidungsfrage. Das „nicht" dient der zusätzlichen Bestätigung der Frage. Der Fragesteller will sich vergewissern, dass der Befragte seine Meinung teilt. Das „nicht" muss in einer Vergewisserungsfrage unbetont bleiben, sonst ändert sich die Bedeutung der Frage. (*Beispiel:* „Hat die Unternehmensleitung das nicht richtig entschieden?")
- Auch ein AUSSAGESATZ kann – durch Anheben der Stimme am Satzende – als Entscheidungsfrage gestellt werden und die Antwort „Ja" oder „Nein" erfordern. Derart formulierte Fragen dienen der Vergewisserung und Bestätigung. Der Fragende nimmt an, dass der von ihm formulierte Sachverhalt stimmt, will sich aber vergewissern, ob der Befragte zustimmt oder seine Meinung teilt. (*Beispiel:* „Sie beherrschen doch das Office-Paket?")
- Die ALTERNATIVFRAGE mit „oder" wird oft als eigene Fragekategorie angesehen. Es liegt jedoch nahe, sie auch den geschlossenen Fragen zuzurechnen, da sie aus zwei oder mehr mit „oder" verbundenen Entscheidungsfragen besteht und damit das Antwortspektrum stark einschränkt. Alternativfragen werden auch als halbgeschlossene Fragen

bezeichnet. Im Gegensatz zu den vorgenannten Fragetypen kann eine Alternativfrage nicht mit „Ja" oder „Nein" beantwortet werden: Als Antwort kommt lediglich eine der vorgeschlagenen Alternativen infrage.

UM IHREN GESPRÄCHSPARTNER NICHT ZU VERWIRREN, SOLLTEN SIE ALS FRAGENDER NICHT MEHR ALS VIER MÖGLICHKEITEN VORSCHLAGEN.

- GESCHLOSSENE W-FRAGEN sind Wissensfragen. Sie implizieren eine Antwortvorgabe: Der Antwortende ist von vornherein z.b. auf eine Ortsangabe, einen Namen, die Uhrzeit oder eine Stückzahlangabe und damit oft auch auf ein einziges Wort als Antwort eingeschränkt.

- Die PARAPHRASIERUNG ist eine umfangreichere Form der geschlossenen Frage: Der Fragende fasst die Antworten zu einem Thema zusammen; der Antwortende muss lediglich die Korrektheit der Zusammenfassung bestätigen. Dadurch kann das ganze Gespräch zusammengefasst werden und Missverständnissen wird rechtzeitig vorgebeugt. Paraphrasierungen verbessern das Gesprächsklima und ermöglichen eine wertschätzende Steuerung des Gesprächs, zum Beispiel zum nächsten Thema. Man spricht in diesem Zusammenhang auch von Spiegelungs- oder Rückkopplungsfragen. (*Beispiel:* „Habe ich Sie richtig verstanden, dass Sie jetzt besonders darauf achten, bürokratische Strukturen abzubauen?")

4.2.4 Explorative Fragen

Als explorativ bezeichnet man Fragen, die dem eigentlichen Interviewziel dienen, nämlich dazu, (mitunter sehr genau spezifizierte) Informationen zu erlangen. Sie haben nur in geringem Umfang eine steuernde Funktion. Explorative Fragen kommen in den unterschiedlichsten Varianten vor, sodass eine Aufzählung zwangsläufig unvollständig bleiben muss. Einige gängige Formen explorativer Fragen lernen Sie im Folgenden kennen.

Fragen, die der Informationsgewinnung dienen

MEINUNGS-, EINSCHÄTZUNGSFRAGEN UND MOTIVFRAGEN

Bei diesen Varianten der explorativen Frage steht die subjektive Sichtweise des Gesprächspartners im Mittelpunkt:

Meinungs- und
Einschätzungsfragen

- Mit Meinungs- und Einschätzungsfragen erkundigt sich der Fragende nach der Ansicht des Gesprächspartners zu einem Thema. (*Beispiel:* „Was halten Sie von dieser Sache?" oder „Wie sehen Sie dieses Problem?")

Motivfragen

- Die Motivfrage erkundet die Beweggründe und Bedürfnisse des Gesprächspartners. (*Beispiel:* „Welchen Sinn hat diese Maßnahme für Sie?" oder „Welche Wünsche haben Sie bezüglich der Umstrukturierung?")

FRAGEN, DIE SACHLICHE ASPEKTE IN DEN MITTELPUNKT STELLEN

Während Meinungs-, Einschätzungs- und Motivfragen subjektive Aspekte betreffen, stellen folgende explorative Fragetypen objektive, sachliche Aspekte des Interviewthemas in den Mittelpunkt:

- NUTZWERTFRAGE: Der sachliche Vorteil des Befragten wird eruiert. (*Beispiel:* „Was möchten Sie mit den zusätzlichen Ressourcen unternehmen?")
- KONTROLLFRAGE: Zahlen, Daten oder Fakten werden überprüft. Prinzipiell lassen sich alle Sachverhalte so prüfen. (*Beispiel:* „Wie groß ist die Produktionskapazität des Werkes?"; „Wie hoch ist noch gleich der Krankenstand?"; „Habe ich Sie richtig verstanden, dass die Qualität der wichtigste Aspekt ist?")
- REFERENZFRAGE: Ein Bezugsrahmen oder wichtige Bezugspersonen/Vorbilder werden abgefragt. (*Beispiel:* „Woran orientieren Sie sich bei Ihrer Arbeit als Qualitätsmanager?"; „Welche Führungsphilosophie verfolgen Sie?")
- GEGENFRAGE: Kann zur Präzisierung eingesetzt werden, aber natürlich auch zur Konfrontation. Wirkt meist unhöflich. (*Beispiel:* „Wie meinen Sie das?")

Jede Frage hat neben der Intention, eine bestimmte objektive oder subjektive Information zu erlangen, auch einen mehr oder minder motivierenden Aufforderungscharakter für den Befragten, der in ganz unterschiedlicher Art und Weise ausgeprägt sein kann.

Aufforderungscharakter
von Fragen

ER WIRD UMSO WIRKSAMER, JE STÄRKER ER DURCH NONVERBALES VERHALTEN UNTERSTÜTZT WIRD, Z.B. DURCH BLICKKONTAKT, AKTIVES ZUHÖREN, ZUGEWANDTE KÖRPERHALTUNG, NACHVORNEBEUGEN, NICKEN.

BALKONFRAGEN

Die in der folgenden Übersicht aufgeführten Fragetypen sind Balkonfragen. Sie bestehen aus zwei sehr unterschiedlichen Teilen, und zwar aus

Aufbau einer Balkonfrage

- Einleitung – Balkon genannt –, die der Hinleitung zum Thema dient, wichtige Grundinformationen enthält oder auf ganz bestimmte Situationen, Personen oder Sachverhalte verweist, und
- eigentlicher Frage als Aufforderung zur Stellungnahme.

Balkonfragen   **PRAXIS**

Aufforderungsfragen

… haben einen allgemeinen Aufforderungscharakter und eröffnen ein großes Antwortfeld. Das Antwortverhalten lässt sich nicht steuern. Als Einstiegsfragen geeignet.

Beispiel: „Welche Erwartungen haben Sie bezüglich der Umstrukturierung?"; „Was können Sie uns über Ihren bisherigen Berufsweg erzählen?"

Stimulierungsfrage

Ein Lob, ein Kritikpunkt oder ein Verweis auf eine bekannte Situation bezüglich des Sachverhaltes bezieht Emotionen in das Thema ein.

Beispiel: „Sie kennen doch sicher die Auswirkungen, die diese Maßnahmen bei der Beispiel AG gehabt haben?"

Motivationsfragen

Durch eine zuwendende Formulierung, zum Beispiel ein Lob, wird der Befragte ermuntert und bestätigt.

Beispiel: „Die Einführung der neuen Produktlinie ist Ihnen gut gelungen, was ist Ihr Erfolgsrezept?"; „Wie soll es nach der Abteilungsleitung für Sie weitergehen?"

Autoritätsfrage

Direkte oder indirekte Kritik oder auch gegensätzliches Verhalten oder gegensätzliche Auffassungen anderer werden in der Frage aufgenommen. Der Fragende bleibt nach außen neutral und äußert keine Kritik. Dadurch fühlt sich der Befragte nicht persönlich vom Fragenden angegriffen.

Beispiel: „Kritiker behaupten, dass die neueste Qualitätsoffensive keinen Erfolg haben wird. Was können Sie

---

dem entgegensetzen?"; „Der Vorsitzende der Gewerkschaft hat sich in einem Rundfunkinterview gegen die von Ihnen geplanten Maßnahmen ausgesprochen. Was sagen Sie dazu?"

Angriffsfrage

Durch Inhalt und Betonung der Frage wird Druck aufgebaut, der den Gesprächspartner zu einem Statement oder einer Erklärung motiviert. Eignet sich u.U. bei souveränen („aalglatten") Gesprächspartnern.

Beispiel: „Versuchen Sie hier, die kritischen Punkte zu umgehen?"; „Wollen Sie sich etwa vor diesem unangenehmen Thema drücken?"

Balkonfragen beugen Missverständnissen vor und schaffen eine Gesprächsbasis

Durch diese Art zu fragen beugen Sie Missverständnissen vor und schaffen eine gemeinsame Gesprächsbasis. Außerdem helfen Balkonfragen dabei, das Thema abzustecken, um das es im Gespräch gehen soll.

Allerdings besteht die Gefahr, dass die lange Einführung den Befragten verwirrt: Er hört womöglich nicht mehr richtig zu, seine Gedanken schweifen ab; vielleicht beschäftigt er sich sogar schon mit seiner Antwort, welche dann womöglich nicht mehr zur Frage passt.

SKALIERENDE FRAGEN

Ein beliebter und nützlicher Fragetyp ist die skalierende Frage. Mit ihrer Hilfe kann man versuchen, Meinungen, Auffassungen oder Einschätzungen hinsichtlich eines Gesprächsgegenstandes zu quantifizieren und eindeutig fassbar zu machen.

Den Standpunkt des Befragten ermitteln und Sachverhalte differenzieren

Messtheoretisch sind skalierende Fragen sicherlich fragwürdig; dennoch helfen sie sehr gut dabei, den Standpunkt einer Person klar zu erkennen oder Sachverhalte genauer zu differenzieren. Der Befragte wird durch skalierende Fragen gezwungen, nachzudenken, einen klaren Standpunkt zu beziehen und Verallgemeinerungen zu unterlassen. *Beispiele:*

- „Wie schätzen Sie Ihre Teamfähigkeit auf einer Skala von eins bis zehn ein?"
- „Für wie wichtig halten Sie die Durchführung des Seminarpaketes auf einer Skala von null bis hundert Prozent?"

HYPOTHETISCHE FRAGEN

Hypothetische Fragen („Was wäre, wenn …"-Fragen) beziehen sich auf eine fiktive Situation. Obwohl sie sich nicht eng an der Realität orientieren, bringen sie einen großen Nutzen:

„Was wäre, wenn … "

DER BEFRAGTE KANN AUF HYPOTHETISCHE FRAGEN FREIER ANTWORTEN, DA ER SICH NICHT AN BEWUSSTE ODER UNBE- WUSSTE BARRIEREN ODER DENKBLOCKADEN HALTEN MUSS.

Zudem lassen sich mit ihrer Hilfe Möglichkeiten abklären, die in Zukunft nicht fiktiv bleiben müssen. Sie sollten jedoch be- denken, dass sich manch einer mit hypothetischen Fragen sehr schwertut. Wichtig ist außerdem: Werten Sie die Antwor- ten auf hypothetische Fragen vorsichtig aus, da zwischen dem, was jemand „hypothetisch" antwortet, und dem, was er wirk- lich tut, große Unterschiede bestehen können. *Beispiele:*

- „Was wäre, wenn Sie morgen das Aufgabengebiet ‚Internes Recruiting' abgeben könnten?"
- „Gesetzt den Fall, das Projekt würde ein Erfolg: Welche neu- en Handlungsmöglichkeiten entstünden dann für Sie?"
- „Wären Sie motivierter, wenn Sie ein Einzelbüro hätten?"
- „Was würden Sie ändern, wenn Sie die entsprechende Be- fugnis hätten?"
- „Stellen Sie sich vor, zwei Ihrer besten Mitarbeiter hätten Streit: Wie würden Sie mit der Situation umgehen?"
- „Angenommen ein Projekt erforderte, dass Sie für zwei Jah- re ins Ausland gehen: Wie würden Sie sich verhalten?"

WUNDERFRAGEN

Die Wunderfrage eröffnet ebenso wie die hypothetische Frage neue Sichtweisen und Möglichkeiten. Sie ist nach folgendem Schema aufgebaut: „Wenn jetzt ein Wunder geschieht und … Was wäre dann?"

Auch bei diesem Fragetyp gilt es zu bedenken, dass sich viele Menschen mit einer so unrealistischen Fragestellung schwertun. *Beispiele:*

- „Wenn jetzt ein Wunder geschähe und die technischen und finanziellen Probleme gelöst wären, was gäbe es dann noch zu tun?"
- „Was würden Sie sich wünschen, wenn Sie drei Wünsche frei hätten?"

Zirkuläre Fragen

Zirkuläre Fragen beziehen sich auf die bekannte oder vermutete Perspektive einer anderen Person – z.b.: „Was, glauben Sie, hält Ihr Chef von Ihnen?"

Derartige Fragen können einerseits dazu dienen, eine Außenperspektive einzubeziehen und dadurch einen neuen Blickwinkel zu gewinnen. Andererseits werden sie oft gar nicht immer mit der Intention gestellt, etwas über die Meinung der einbezogenen Person (im Beispiel des Chefs) in Erfahrung zu bringen.

Häufig strebt der Interviewer vielmehr an, dass der Befragte mit seiner Antwort etwas über sich selbst und seine eigene Meinung aussagt.

Projektive Frage

Unter diesen Umständen hat eine zirkuläre Frage einen direkt oder indirekt projektiven Charakter.

Zirkuläre Fragen können dabei helfen, Sachverhalte ans Tageslicht zu befördern oder zu thematisieren, die bisher noch nicht angesprochen wurden. Das kann sowohl zu neuen Ideen, Einsichten und Handlungsspielräumen als auch zu Konflikten führen. Zirkuläre Fragen sind oft schwer zu beantworten. *Beispiele:*

* „Was, glauben Sie, denkt Ihr Team von Ihnen?"
* „Wenn ich Ihren besten Freund nach Ihrer größten Schwäche fragen würde: Was würde er sagen?"
* „Was, glauben Sie, denkt Ihr Kollege von Ihrem Chef?"
* „Was, glauben Sie, denken unsere Kunden über unseren Service?"

Metafragen

Fragen nach hinter den Aussagen stehenden Überzeugungen

Als Metafragen sollen hier solche Fragen verstanden werden, die sich weniger auf die Sachaussagen des Befragten beziehen als auf die hinter den Aussagen stehenden – vielleicht unbewussten – Überzeugungen. Diese Überzeugungen halten das Denken in vorgegebenen Bahnen. Wenn solche Überzeugungen bewusst gemacht oder erschüttert werden, werden neue Einsichten möglich.

Der folgenden Übersicht können Sie entnehmen, welche Hinweise auf verborgene Überzeugungen es gibt und wie Sie durch Ihre Fragestrategie mehr darüber erfahren.

HINWEISE AUF VERBORGENE ÜBERZEUGUNGEN	VORGEHENSWEISE UND FRAGESTELLUNG
VERALLGEMEINERUNGEN („keiner", „immer", „nie", „jeder") *Beispiel:* „Keiner kommt mit dem Kollegen klar."	• Wiederholung der Verallgemeinerung in fragendem Ton: „Keiner?" • Abfrage eines notfalls erfundenen Gegenbeispiels • Nachfragen: „Wen genau meinen Sie?"
UNBEGRÜNDETE URSACHE-WIRKUNGS-ZUSAMMENHÄNGE („weil", „deshalb") *Beispiel:* „Wir verschlanken, weil alle das tun."	Nachfragen: • „Welchen Zusammenhang sehen Sie?" • „Was hat das eine mit dem anderen zu tun?"
HILFSVERBEN OHNE BEGRÜNDUNG („sollen", „müssen", „können", „dürfen") *Beispiel:* „Man muss den Trend einfach mitmachen."	Hypothetische Fragen: „Was würde passieren, wenn ...?" Wenn die Erklärung dann eine fehlende Begründung des Ursache-Wirkungs-Zusammenhangs ergibt, s.o.
VERGLEICHE UND BEWERTUNGEN OHNE BEZUG („Es ist gut/richtig/falsch, irgendetwas zu tun", „Es ist besser/billiger/effektiver ...") *Beispiel:* „Es ist besser, Prozessmanagement zu betreiben."	• Standpunkt abfragen: „Wer sagt das?" oder „Von wessen Standpunkt aus betrachtet?" • Vergleichsbasis abfragen: „Im Vergleich wozu ...?"
UNSPEZIFISCHE VERBEN UND SUBSTANTIVE *Beispiel:* „Das Team leistet gute Arbeit."	Präzisierungen einholen: • „Welche Arbeit leistet das Team?" • „Wie macht es die Arbeit?" • „Wer im Team macht die Arbeit?"

Achtung: Nicht jede kleine und nicht ganz präzise Antwort muss hinterfragt werden!

METAFRAGEN KÖNNEN SEHR BEDRÄNGEND SEIN UND TRAGEN NICHT UNBEDINGT ZU EINEM ANGENEHMEN GESPRÄCHSKLIMA BEI.

4.2.5 Steuernde Fragen

Steuernde Fragen beeinflussen nicht den Gesprächsinhalt

Steuernde Fragen dienen der Gesprächsführung auf der strukturellen Ebene. Sie beeinflussen nicht den Gesprächsinhalt bzw. die Antworten. Folgende Varianten gibt es:

Steuernde Fragen **PRAXIS**

Vorstellende Frage

Eine solche Frage bilden Sie durch Anhängen des Namens oder der Funktion des Befragten. Durch den starken Bezug zur angesprochenen Person vermeiden Sie Allgemeinplätze; Sie fragen eine persönliche Meinung ab.

Beispiel: „Was sagen Sie zu den Produktionsproblemen, Frau Hesper?"; „Was halten Sie als kaufmännischer Leiter von der finanziellen Situation des Betriebes?"

Vorangestellte Erklärung / Balkonfrage

Der Frage eine kurze Erklärung voranzustellen (vgl. Balkonfrage, Kap. 4.2.4) ist dann sinnvoll, wenn Sie eine Vorinformation geben oder einen Bereich für die Antwort abstecken möchten. Balkonfragen helfen, Missverständnisse zu vermeiden, sind aber oft lang.

Beispiel: „Die Fluktuationsquote in der Produktion hat sich im letzten Jahr im Gegensatz zu den Quoten in den anderen Funktionsbereichen laut aktuellem Managementbericht gegenüber dem Vorjahr um 20 Prozent erhöht. Sind die Produktionsziele in Gefahr?"

Initialfrage

Diesen Fragetyp können Sie zu Beginn eines Gesprächs einsetzen, um den Gesprächspartner zur Mitarbeit zu motivieren und das Gespräch grundlegend zu strukturieren.

Beispiel: „Welche Punkte möchten Sie heute gerne besprechen?"; „Was ist für Sie das wichtigste Thema?"

Rangierfrage

Sie hilft dabei, sich auf das Gesprächsziel zu fokussieren.

Beispiel: „Sollten wir uns nicht zuerst dem nächsten Tagesordnungspunkt zuwenden?"; „Wollen wir als Nächstes das Thema Fehlzeiten besprechen?"

Abschlussfrage

Diese Frage dient dazu, ein Thema mit einer finalen Entscheidung abzuschließen. Sie kann einen suggestiven Anteil haben.

Beispiel: „Wann führen wir das nächste Gespräch?";
„Bis wann haben Sie das Problem gelöst?"; „Wann sollen wir liefern?"

Stakkatofrage

Dies ist keine ausformulierte Frage, sondern eine kurze Zwischenfrage. Sie lenkt das Gespräch dezent in eine bestimmte Richtung oder ergänzt Punkte, die ausgelassen wurden. Sie sollte nie aus mehr als drei Wörtern bestehen.

Beispiel: „Wie viel genau?"; „Warum?"; „Wie?"

Wiederholung eines zentralen Begriffs

Wer den Faden verloren hat, kann ihn wiederfinden, indem er einen Begriff aus der letzten Antwort des Interviewten wiederholt oder nach einem Beispiel fragt.

Beispiel: „Was meinen Sie mit Prozessstabilität?" oder mit fragender Stimme „Prozessstabilität?"; „Wie meinen Sie das?"; „Haben Sie dafür ein Beispiel?"

Paraphrasierung

Mit Paraphrasierungen können Sie das Gespräch zusammenfassen oder zum eigentlichen Thema zurückholen.

Beispiel: „Sie sagen also, dass ..."; „Wenn ich Sie richtig verstehe, meinen Sie ..."

4.2.6 Manipulative Fragen

Manipulative Fragen steuern. Aber sie steuern das Gespräch nicht offen und strukturell, sondern vielmehr verdeckt und auf der inhaltlichen Ebene, indem sie den Befragten in seinem Antwortverhalten beeinflussen. Dies kann so weit gehen, dass die Antworten im Sinne des Fragenden ausfallen. Während Fragen, die den Gesprächsprozess steuern, offen gestellt werden und somit auch abgewehrt werden können, steuern manipulative Fragen unbemerkt.

Manipulative Fragen steuern unbemerkt

Manipulative Fragetechniken entfalten insbesondere dann große Kraft, wenn der Fragende vom Befragten als hierarchisch über ihm stehend wahrgenommen wird. Sie nutzen in dieser Situation die ohnehin gegebene Tendenz zu sozial erwünschten Antworten aus. Manipulative Fragen werden oft ganz bewusst eingesetzt, aber natürlich kann es auch passieren, dass der Interviewer Fragen unbewusst und unabsichtlich manipulativ formuliert.

Für den Fragenden kann die starke Steuerungswirkung manipulativer Fragen in Einzelfällen sehr angenehm sein – schließlich bekommt er dann das zu hören, was er hören möchte. Da manipulative Techniken nur im Verborgenen funktionieren, besteht aber immer das Risiko, dass der Befragte die Strategie durchschaut. Dann verkehrt sich der Effekt meist ins Gegenteil und der Befragte blockt weitere Fragen ab.

ZU BEDENKEN IST FERNER, DASS MAN MIT EINER SOLCHEN VORGEHENSWEISE KEINE EHRLICHE MEINUNG UND KEINE NEUEN INFORMATIONEN GEWINNT.

Verschiedene manipulative Fragetypen

Es gibt verschiedene manipulative Fragentypen – sie werden im Folgenden kurz vorgestellt.

ALTERNATIVFRAGEN

Bei diesem Fragetyp bietet man dem Befragten zwei oder mehr Auswahlmöglichkeiten an (vgl. Kap. 4.2.3). Er kann in verschiedener Weise manipulierend eingesetzt werden:

- Durch eine Alternativfrage wird das Antwortspektrum eingeschränkt; dem Befragten wird aber durch geschickte Formulierung suggeriert, er habe die freie Wahl. (Bekanntes Beispiel: Die Frage im Restaurant, ob man die große oder die mittlere Getränkegröße wünsche. Kaum jemand wird dann noch auf die Idee kommen, das kleine Getränk zu bestellen ...)
- Bei einer großen Menge zur Auswahl gestellter Alternativen wirkt der Fragende zwar zuvorkommend, die schiere Menge der Möglichkeiten ist in einem (schnellen) Gespräch aber nur schwer überschaubar. Für den Befragten wächst die Gefahr, sich falsch zu entscheiden.
- Für den Fragenden besteht die Möglichkeit, Alternativen zur Wahl zu stellen, die allesamt für den Befragten inakzep-

tabel sind. Er drängt ihn so, sich für das kleinste Übel zu entscheiden.

- Je nach Auswahl der Alternativen wird dem Befragten ein Spielraum vorgegaukelt, der so nicht vorhanden ist.
- Schlussendlich kann durch die Reihenfolge der Alternativen das Antwortverhalten beeinflusst werden: Viele Befragte neigen dazu, die zuletzt vorgeschlagene Alternative zu wählen.

SUGGESTIVFRAGEN

Die klassische Suggestivfrage ist so formuliert, dass sie dem Befragten die erwünschte Antwort in den Mund legt. Ein Sachverhalt wird demnach nur scheinbar zur Debatte gestellt; die Zustimmung wird unterschwellig vorausgesetzt. Aufgrund der Tatsache, dass dem Befragten vorgegaukelt wird, er sitze mit dem Fragenden in einem Boot, ist es schwierig, sich einer Suggestivfrage zu verschließen.

Es ist schwierig, sich einer Suggestivfrage zu verschließen

Beispiel: „Sicher haben Sie sich auch schon Gedanken über Verbesserungen des Produktionsprozesses gemacht?" Die normale Frage wäre: „Haben Sie sich Gedanken über Verbesserungen des Produktionsprozesses gemacht?"

RHETORISCHE FRAGEN

Die rhetorische Frage unterscheidet sich kaum von der klassischen Suggestivfrage. Sie ist eine These, die im Gewand einer Frage daherkommt und insofern eigentlich keiner Antwort bedarf. Genau genommen muss eine Frage zwei Bedingungen erfüllen, um eine rhetorische Frage zu sein:

Kennzeichen einer rhetorischen Frage

- Der Fragende kennt die Antwort auf die Frage bereits und stellt die Frage z.B. nur aus taktischen Gründen, und
- er erwartet, dass der Befragte die Antwort auf die Frage ebenfalls kennt.

Die rhetorische Frage wird verwendet, um zu aktivieren und Aufmerksamkeit zu erzielen, um eine bestimmte Antwort zu provozieren oder (falls der Befragte die Antwort nicht kennt) um sich in eine überlegene Gesprächsposition zu manövrieren. In einem sachlichen Gespräch ist die rhetorische Frage wertlos.

Beispiel: „Darf man bei den heutigen Marktverhältnissen eine solche Chance ungenutzt lassen?"

FANGFRAGEN

Mit einer Fangfrage möchte der Fragende eine erwünschte Reaktion des Befragten trickreich herbeiführen. Er stellt die Frage so, dass ein unaufmerksamer Befragter sie falsch beantwortet oder sich selbst widerspricht. Dies kann z.b. dadurch erreicht werden, dass die Frage Antwortmöglichkeiten vorgibt oder impliziert, von denen keine zutrifft. Auf diese Weise kann der Fragende den Befragten

Beweggründe für das Stellen von Fangfragen

- zu einer falschen Aussage verleiten,
- in Widersprüche verstricken oder
- dazu bringen, sein Wissen („Schlagen Sie eigentlich immer noch Ihre Frau?" – richtige Antwort: „Ich habe meine Frau noch nie geschlagen.") oder sein fehlendes Wissen („Fand die Französische Revolution im 19. oder im 20. Jahrhundert statt?" – richtige Antwort: „Im 18. Jahrhundert.") aufzudecken.

Beispiel: „Beachten Sie die Sicherheitsvorschriften immer noch nicht?" Diese geschlossene Frage gibt die Antworten „Ja" und „Nein" vor. Die richtige Antwort wäre aber: „Ich habe die Sicherheitsvorschriften schon immer beachtet!" Wenn der Befragte „Nein" antwortet, würde der Dialog wahrscheinlich folgendermaßen weitergehen: „Also haben Sie die Vorschriften auch früher schon verletzt. Wie haben Sie das gemacht?" – „Ich habe die Sicherheitsvorschriften noch nie verletzt." – „Aber Sie haben doch gerade zugegeben, dass Sie ..."

VERDECKTE FRAGEN

Bei verdeckten Fragen soll das Ziel der Frage für den Befragten nicht erkennbar sein. Die entsprechende Information kann also nicht auf direktem Weg abgefragt werden, sondern muss über einen Umweg erreicht werden.
Beispiel: „Welche Verbesserungsmöglichkeiten sehen Sie?" Tatsächlich interessieren den Fragenden nicht die Verbesserungsmöglichkeiten, sondern er hofft auf einen bestimmten Punkt, zu dem er weitere Fragen stellen möchte.

JA-FRAGEN-STRASSE

Die Hemmschwelle für eine Zustimmung wird reduziert

Durch die Ja-Fragen-Straße wird die Hemmschwelle für eine Zustimmung reduziert. Das Prinzip der Ja-Fragen-Straße beruht darauf, so genannte Teilabschlüsse herzustellen, das

heißt Fragen zu stellen, auf die der Befragte eigentlich mit „Ja"
antworten muss. Und wer schon mehrfach bei einem bestimmten Thema Zustimmung geäußert hat, dem fällt es natürlich
schwer, die wichtigste Frage am Ende der Fragen-Straße plötzlich mit „Nein" zu beantworten.
Beispiel: „Betriebsunfälle können sehr schlimm sein?" –
„Ja." – „Es gibt eigentlich immer zu viele Betriebsunfälle?" –
„Ja." – „Sollte man nicht ein neues Programm zur Unfallver-
hütung auflegen?" – „Ja"

Verneinte Fragen
Ähnlich wie Fangfragen sind auch verneinte Fragen aufgrund
ihrer Unübersichtlichkeit dazu geeignet, den Befragten zu verwirren und ihm eine zwar richtig gemeinte, aber falsch geäußerte Antwort abzuringen.

Verneinte Fragen verwirren den Befragten

4.3 NLP-Fragetechniken

4.3.1 Grundüberlegungen
Neurolinguistische Programmierung (NLP) ist eine in den
1970er-Jahren entstandene psychologische Methodik. Sie beruht auf der Annahme, dass das menschliche Verhalten durch
innere Prozesse strukturiert wird: Reize aus der Umwelt lösen
Empfindungen aus. Diese Empfindungen werden durch innere
Bilder oder Gefühle überlagert. Im Rahmen des NLP geht man
davon aus, dass die bildlichen Gedanken und das Körperge-
fühl eines Menschen die subjektive Wahrheitsempfindung
und somit das Verhalten prägen.

Grundannahme des NLP

Fragen haben in der Philosophie des NLP vor allem zwei Zwecke (vgl. Schmidt-Tanger, 2001): Sie dienen ...
1. ... der Erforschung der inneren „Landkarte" des Befragten.
   „Forscher" ist neben dem Fragenden auch der Befragte
   selbst. Durch die Beantwortung der Frage gewinnen beide
   einen Einblick in die Innenwelt des Befragten.
2. ... dazu, dass sich der Befragte einen neuen „Erlebnisraum"
   erschließt. Dank der richtigen Fragen kann er gedanklich
   einen neuen Bewusstseins- oder Erlebnisraum betreten, in
   dem sich andere Assoziationen, andere Bilder, neue Gefühle und Gedanken – und neue Lösungen – eröffnen.

Fragen in der Philosophie des NLP

1. ERFORSCHUNG DER INNEREN „LANDKARTE" DES BEFRAGTEN

Bei vielen Gesprächsanlässen ist es wichtig, die persönliche Sicht- und Denkweise der Befragten kennen zu lernen. In einen Bewerbungsgespräch möchten Sie z.b. wissen, was der Kandidat als Key-Account-Manager unter Dienstleistungs- oder Kundenorientierung versteht oder wie die Führungsphilosophie und das Menschenbild des zukünftigen Abteilungsleiters aussehen.

Vorschnelle Diagnosen und Urteile vermeiden

Als Fragender, noch wichtiger als Berater oder Coach, sollte man sich also mit vorschnellen Diagnosen und Urteilen zurückhalten, sich neutral verhalten und um Objektivität bemühen. Wenn dem durchaus legitimen Wunsch des Befragten oder Beratenen nach einem Ratschlag stattgegeben würde, würde dieser in seiner Meinungsbildung beeinflusst, er würde nicht darin gefördert, sondern eher behindert, seine eigene Lösung zu entwickeln. Vielleicht würde er sich im Nachhinein sogar unverstanden und manipuliert fühlen, das Vertrauen verlieren und den emotionalen Kontakt abbrechen.

Nicht nur durch konkrete Ratschläge, sondern auch durch Fragen können eigene Vorannahmen transportiert werden, die den Befragten in der Erforschung seiner inneren Landkarte beeinflussen.

Fragen dienen dazu, Kontakt zu schaffen, zu verstehen und Vertrauen zu gewinnen. Mit Fragen wird dem Befragten Beachtung geschenkt. Durch seine Antwort lässt er es zu, dass der Fragende seine „innere Welt" betritt.

Durch die Antwort ermöglicht der Befragte einen Einblick in seine „innere Welt"

SPEZIELL IN GESPRÄCHEN, DIE BERATUNGSSITUATIONEN ÄHNELN (Z.B. KRITIKGESPRÄCHE), SOLLTE DIE FÜHRUNGSKRAFT BEWERTUNGEN DER INNEREN WELT DES MITARBEITERS UNTERLASSEN.

2. ERSCHLIESSUNG NEUER „ERLEBNISRÄUME"

Einen neuen Erlebnisraum zu erschließen bedeutet oft, mit den Fragen gezielt zwischen verschiedenen Erlebnisräumen zu wechseln.

Verschiedene Erlebnisräume

• PROBLEMRAUM: Fragen zum Problemraum dienen dazu, das bestehende Problem zu analysieren. Mit diesem Bereich hat sich der Befragte wahrscheinlich schon intensiv beschäftigt.

- ZIELRAUM: Fragen zum Zielraum helfen dabei, eine Vorstellung davon zu erarbeiten, wie eine akzeptable Lösung aussehen kann. Durch den Wechsel des Bezugsraumes wird dem Befragten eine neue Perspektive eröffnet.
- RESSOURCENRAUM: Fragen zum Ressourcenraum machen eine Lösung möglich. Solange sich der Befragte im Problemraum befindet und weiter problematisiert, ist eine Problemlösung unwahrscheinlich. Fragen zum Ressourcenraum aktivieren vorhandene Potenziale.

Wenn der Interviewer Fragen stellt, die sich auf einen Bereich der inneren Welt des Befragten beziehen, führt er eine Intervention durch. Der Befragte wird sich mit der Frage und dem Thema beschäftigen, auf das diese sich bezieht. Mithin erhöht sich seine emotionale Beteiligung.

Intervention

Der Interviewer sollte sich bewusst sein, aus welchem Bereich er seine Fragen auswählt. So kann er das Maß emotionaler Beteiligung beim Befragten steuern, zwischen den Bereichen wechseln, ohne wild zu springen, und dem Befragten genug Zeit zur Beantwortung lassen. Dabei sollte der Fragende berücksichtigen, dass Fragen in erster Linie innerlich beantwortet werden. Ob diese Antwort dann auch in Worte gefasst wird, ist oft zweitrangig.

Beispiel **PRAXIS**

Der Vorgesetzte fragt: „Warum ist Ihr Umsatz mit der Actonit AG im letzten Quartal so niedrig ausgefallen?"

Der Mitarbeiter überlegt eine Weile und antwortet dann: „Die hatten dort einige Probleme in der Produktion."

Was dem Mitarbeiter bewusst geworden ist, was er dem Vorgesetzten allerdings verschweigt, ist, dass er es versäumt hat, im vergangenen Quartal den Einkäufer der Actonit AG anzurufen. Durch die Frage des Vorgesetzten ist dem Mitarbeiter sein Fehler bewusst geworden. Er gesteht ihn zwar nicht offen ein, aber die Frage hat dennoch eine Motivation geschaffen, den Fehler nicht noch einmal zu begehen. Der Vorgesetzte muss jetzt entscheiden, ob das ausreicht. Wenn er seinen Mitarbeiter jedoch zu stark bedrängt, kann das zu einer Abwehrhaltung führen.

4.3.2 Fragetypen im NLP

Um zielgerichtet Fragen zu stellen und ein wildes Durcheinander im Gesprächsprozess zu vermeiden, sollte man die wichtigsten Fragetypen im NLP kennen. Sie sind in der folgenden Übersicht zusammengestellt (vgl. Schmidt-Tanger, 2001).

Fragetypen im NLP	PRAXIS

Fragen der klärenden Wiederholung dienen ...
- dem Kontaktaufbau,
- der Vermeidung von Missverständnissen,
- der Vertiefung und Fokussierung,
- der Reduktion von Geschwindigkeit und
- dem Vermeiden von Einengung.

Beispiel: „Sie sind also der Meinung, dass ...“

Mit **Konkretisierungsfragen** kann man ...
- Generalisierungen aufheben und
- Hintergründe erfahren.

Beispiel: „Ist das immer so?“; „Wann war das?“

Zielraumfragen schaffen Zielorientierung beim Befragten.
Beispiel: „Was möchten Sie erreichen?“; „Wie möchten Sie das erreichen?“; „Woran erkennen Sie, dass Sie Ihr Ziel erreicht haben?“

Mit **Problemraumfragen** kann man ...
- Entwicklung klären und
- den Problemkern analysieren.

Beispiel: „Wann trat das Problem erstmals auf?“; „Wann war es am schlimmsten?“

Ressourcenraumfragen dienen der ...
- Fokussierung auf eigene Ressourcen des Befragten,
- Aktivierung.

Beispiel: „Was würde ... an Ihrer Stelle tun?“; „Wer oder was könnte Ihnen jetzt helfen?“; „Welche Ihrer Fähigkeiten wäre jetzt besonders nützlich?“

Personenorientierte Fragen (hin- und wegführend) steuern die emotionale Beteiligung.

Beispiel: „Was bedeutet das Problem für Sie?"; „Was bedeutet das Problem für Ihre Kollegen?"

Fragen zum Perspektivenwechsel dienen der Aktivierung und Provokation.

Beispiel: „Welchen Vorteil hat das Problem (für Sie)?"; „In welcher Situation könnte das Problem von Nutzen sein?"

Mit **Fragen auf verschiedenen Ebenen** kann man ...

- ein Problem analysieren,
- den Fokus wechseln und
- Ansatzpunkte für Interventionen erkennen.

Beispiel: „Was tun Sie in dieser Situation?" (Verhalten);
„Welche Fähigkeit ist am nützlichsten?" (Fähigkeit);
„Was denken Sie in diesem Moment von ...?" (Einstellung);
„Was ist Ihnen wichtig?" (Werte);
„Wo möchten Sie in einem Jahr stehen?" (Vision)

Fragen zum Wechsel der Metaprogramme sorgen für

- Flexibilisierung und
- Fokuswechsel.

Beispiel: „Welche Details sind zu klären?"; „Wie bettet sich das in den Gesamtzusammenhang ein?"

Mit **Fragen, die zu Emotionen führen,** kann man ...

- auf die emotionale Ebene wechseln und
- emotionale Beteiligung schaffen.

Beispiel: „Wie fühlen Sie sich dabei?"; „Sind Sie ärgerlich, wenn Sie an ... denken?"

Ökologiefragen helfen bei der ...

- Ausweitung des Fokus,
- Analyse möglicher Hindernisse und
- Absicherung der Ergebnisse.

Beispiel: „Wer ist davon noch betroffen?"; „Welche weiteren Konsequenzen hat das?"; „Was sagt ... dazu?"

Mit **Fragen zum Hier und Jetzt** kann man ...

- Emotionen klären,
- ein Zwischenfazit ziehen und danach die Prozesssteuerung verbessern,
- einen Abschluss schaffen.

Beispiel: „Wie fühlen Sie sich jetzt?"; „Wie geht es Ihnen gerade?"

Transferfragen dienen der ...

- Konkretisierung,
- Festigung,
- Schaffung eines Abschlusses.

Beispiel: „Was werden Sie jetzt zuerst unternehmen?"; „Wann beginnen Sie damit ...?"

4.4 Fragestrategien für verschiedene Gesprächsphasen

Obwohl die Aufzählung von Fragetypen in Kapitel 4.2 und 4.3 noch keineswegs vollständig ist, haben wir schon einen guten Überblick erhalten. Um abschätzen zu können, welche Frage wann eingesetzt werden kann, wurden im vorherigen Abschnitt bereits Zweck und Wirkung der einzelnen Fragetypen thematisiert.

Einen Schritt weiter gehen wir jetzt, indem wir die Fragetypen einer Gesprächsphase zuordnen. Wir gehen dabei in Anlehnung an Patrzek (2005) von vier Gesprächsphasen aus:

Vier Gesprächsphasen

1. Screening
2. Focusing
3. Decision
4. Consequence

Die beiden ersten Phasen – Screening und Focusing – bilden gewissermaßen einen Gesprächstrichter: Während des Screenings wird dieser Trichter ausgeweitet, um möglichst viel Input zuzulassen. Während des Focusings wird er dann wieder verengt, um auf diese Weise das Gespräch auf das anvisierte Ziel auszurichten.

	SCREENING	FOCUSING
ZIEL	• Informationen sammeln • Überblick verschaffen • Gesprächspartner ermuntern	• Informationen sortieren und auswerten • Bedeutung der Informationen im Hinblick auf das Gesprächsziel abwägen • Informationen präzisieren und vervollständigen
TECHNIK	• Offene Fragen • Meinungs- und Motivfragen • Sachlich orientierte Fragen • Hypothetische Fragen und Wunderfrage • Zirkuläre Fragen • Metafragen	• Geschlossene Fragen und Alternativfragen • Kontrollfragen • Skalierende Fragen • Alle steuernden Fragen

In der dritten Phase („Decision") können Sie über das weitere Vorgehen entscheiden. Methodisch ist es jetzt sinnvoll, sich die Zustimmung zu der geplanten Lösung durch eine geschlossene Frage zu sichern.

In der letzten Phase („Consequence") werden die Folgen der Entscheidung analysiert. Vor allem hypothetische Fragen, die Wunderfrage oder zirkuläre Fragen sollten jetzt zum Einsatz kommen.

Wichtig ist es, den richtigen Zeitpunkt für den Wechsel in die jeweils nächste Gesprächsphase zu finden. Dazu ist es notwendig, das Gespräch von einer höheren Ebene aus zu beobachten und ständig zu überwachen. Sie sollten stets wissen, ...

Der richtige Zeitpunkt für den Wechsel in die nächste Gesprächsphase

• wie nahe Sie dem Gesprächsziel bisher schon gekommen sind,
• ob Sie schon genügend Informationen gesammelt haben,
• ob Sie steuernd, ergänzend und präzisierend eingreifen sollten und
• wie gut Sie Ihren Gesprächspartner verstehen.

Machen Sie sich außerdem am besten schon im Vorfeld des Gesprächs klar, welche Vermutungen Sie bezüglich des infrage stehenden Sachverhaltes haben und ob Sie gegebenenfalls bereit sind, diese aufgrund der erhaltenen Informationen zu verändern.

Eigene Vermutungen und Theorien analysieren

Diese Überlegung ist dehalb wichtig, weil die eigenen Vermutungen und Theorien (beispielsweise Menschenbilder, eigene Ziele, Weltanschauungen, kulturelle Prägungen und eigene Erfahrungen) Ihre Wahrnehmung und Ihr Gedächtnis beeinflussen. Wenn Sie sich darüber im Klaren sind, können Sie Ihre eigene Wahrnehmung daraufhin kritisch überprüfen.

Stellen Sie sich zu diesem Zweck folgende Fragen:

- Was halte ich von meinem Gesprächspartner? Gibt es Indizien, die meinem Eindruck widersprechen und aufgrund derer ich meine Meinung revidieren sollte? Wenn ja, welche?
- Welche Ziele und Absichten hat mein Gesprächspartner? Was kann und weiß er?
- Welche Vorstellungen und Absichten bezüglich des Gesprächsgegenstandes habe ich selbst? Was wünsche ich mir?

Nur wenn Sie diese Fragen für sich beantwortet haben, ist ein effizienter Einsatz der Fragetechnik möglich.

5 FRAGESTRATEGIEN FÜR BEWERBUNGS-GESPRÄCHE

In den vorangegangenen Kapiteln haben wir uns mit Begriffsbestimmungen, den Grundlagen der Interviewtechnik und dem Einsatz von Fragetechniken beschäftigt. In den folgenden Kapiteln wollen wir uns nun zentralen Interviewformen im Personalbereich zuwenden.

Der prototypische Gesprächsanlass für ein Interview ist das Bewerbungsgespräch. Die meisten unter uns haben sich schon einmal in einer solchen Gesprächssituation befunden – zumindest als Bewerber.

In der Praxis ist oft zu beobachten, dass Bewerber sich nicht oder nicht ausreichend auf dieses Gespräch vorbereiten. Sobald das Gespräch aus ihrer Sicht nicht ganz rund läuft, steigt das Stresslevel, und der Interviewer ist womöglich mit einem Gesprächspartner konfrontiert, der um seine Fassung ringt.

Vorbereitung eines Bewerbungsgesprächs

Man kann nachvollziehen, dass Bewerber – zumal unerfahrene – den Aufwand, den die Vorbereitung auf ein Bewerbungsgespräch erfordert, unterschätzen. Wenn sich aber der Gesprächsführende im Vorfeld nicht ausreichend mit der Situation auseinandersetzt und sich nicht entsprechend auf dieses Gespräch vorbereitet, ist das zumindest fahrlässig.

Leider trifft man aber auch diese Situation in der Praxis oft an: unvorbereitete Interviewer, fehlende Gesprächsunterlagen, Monologe, Abschweifen zu eigenen „Lieblingsthemen" etc. Die Gründe dafür sind sicherlich sehr individuell, aber oft ist die mangelnde Vorbereitung wohl auf folgenden Umstand zurückzuführen: Interviewer, für die Bewerbungsgespräche nicht zum täglichen Handwerkszeug gehören, priorisieren derartige Termine im Vergleich zum Tagesgeschäft niedrig und schieben das Bewerbungsgespräch „mal kurz dazwischen" oder sie gehen davon aus, dass sie aufgrund ihrer Fachkompetenz und Führungserfahrung „das Kind schon schaukeln werden".

FACHKOMPETENZ UND FÜHRUNGSERFAHRUNG SIND ZWAR ZWEIFELSOHNE HILFREICH, GARANTIEREN ABER NOCH KEIN GELUNGENES BEWERBUNGSGESPRÄCH.

Glücklicherweise lassen sich Bewerbungsgespräche sehr gut planen und standardisieren.

5.1 Zielsetzung

Im Bewerbungsgespräch lernen sich die beiden beteiligten Seiten – das Unternehmen und der Bewerber – besser kennen. Im Folgenden sehen Sie eine Gegenüberstellung der Ziele des Bewerbers und derjenigen des Unternehmens.

ZIELE DES BEWERBERS	ZIELE DES UNTERNEHMENS
Der Bewerber möchte ...	Das Unternehmen möchte ...
• Informationen über das Unternehmen erhalten,	• über sich, die Abteilung und den Arbeitsplatz informieren,
• sich gut bzw. auf eine gewünschte Art präsentieren,	• den Bewerber persönlich kennen lernen,
• einen attraktiven Arbeitgeber und Arbeitsplatz auswählen,	• Eigenschaften des Bewerbers überprüfen, die mithilfe von schriftlichen Bewerbungsunterlagen nur unzureichend geprüft werden können (Sozialkompetenz, Kommunikationstalent etc.),
• gute Konditionen aushandeln.	• Kompetenzen und Potenziale des Bewerbers in Bezug auf die ausgeschriebene Stelle erkunden,
	• Ziele, Wünsche und Bedürfnisse des Bewerbers aufdecken.
⇨ Das **Hauptziel des Bewerbers** dürfte in der Regel sein, sich so zu präsentieren, dass er seine Chancen auf einen interessanten Arbeitsplatz mit hervorragenden Arbeitsbedingungen steigert.	⇨ Das **Hauptziel des Unternehmens** ist es, zum richtigen Zeitpunkt den richtigen Kandidaten am richtigen Platz zu haben, und das am besten zu günstigen Konditionen.

Wie die Übersicht zeigt, ist die Interessenlage der Gesprächsteilnehmer teilweise identisch: Wo der Bewerber beispielsweise bemüht ist, sich selbst als teamfähig darzustellen, und deshalb ganz bereitwillig die entsprechenden Informationen und Beispiele liefert, trifft er beim unternehmensseitigen Interviewer mit Sicherheit auf offene Ohren – denn ihn interessiert dieser Themenkreis ebenso (vgl. Bereich I des Johari-Fensters, Kap. 3.5). Beide Gesprächspartner werden also in diesem Bereich sehr offen und kooperativ miteinander umgehen.

Aus zwei Gründen ist dennoch dazu zu raten, sich auf jedes Gespräch gut vorzubereiten:

*Warum gute Vorberei-
tung wichtig ist*

- Im Vorfeld ist kaum abzuschätzen, wie ein Bewerbungsgespräch laufen wird. Im Regelfall wird der Bereich I des Johari-Fensters an irgendeiner Stelle verlassen – und sei es nur, um die Reaktion des Kandidaten zu prüfen.
- Um seitens des Unternehmens eine hohe Vergleichbarkeit zwischen den einzelnen Gesprächen zu gewährleisten, sollten alle Bewerbungsgespräche unter gleichen Bedingungen ablaufen und ähnliche Informationen liefern. Und um das zu gewährleisten, ist eine gründliche Vorbereitung unabdingbar.

Zumeist werden in einem Bewerbungsgespräch auch andere Bereiche des Johari-Fensters angesprochen – z.B. wenn Sie als Interviewer Fragen stellen, die dem Kandidaten unangenehm sind, weil er sich darauf nur unzureichend vorbereitet hat oder weil sich diese Fragen auf Defizite und private Informationen beziehen (Bereich III).

*Das Johari-Fenster im
Bewerbungsgespräch*

In diesen Situationen liegt ein Zielkonflikt vor: Der Kandidat möchte sich positiv präsentieren, während Sie wahrheitsgemäße Informationen recherchieren wollen. Viele Kandidaten versuchen dann abzulenken, zu beschönigen oder sogar von der Wahrheit abzuweichen. Um damit angemessen umzugehen, sind seitens des Interviewers gute Vorbereitung, eine ausgeklügelte Gesprächsführung und geschickte Fragetechnik notwendig.

Im zweiten Bereich des Johari-Fensters (dem „blinden Fleck", der dem Ich unbekannt, dem anderen aber bekannt ist), taucht dieses Problem eines Zielkonflikts in viel geringerem Maße auf. Speziell bei externen Bewerbern ist es schwer, den Kandidaten aufgrund der Bewerbungsunterlagen und des bisher kurzen Gesprächseindruckes mit Wahrheiten über ihn zu konfrontieren, die diesem selbst nicht bewusst sind.

Anders sieht das bei internen Bewerbern aus, über die Sie schon im Vorfeld aus der Personalakte oder dank Aussagen des aktuellen Vorgesetzten eine ganze Reihe von Informationen haben. Wie ein solcher Kandidat reagiert, wenn Sie ihn auf Inhalte des dritten Bereichs des Johari-Fensters ansprechen, ist im Voraus schwer zu bestimmen: Ihm kann die Frage angenehm sein – dann wird er gesprächsbereit reagieren.

Interne Bewerber

Oder er fühlt sich unangenehm berührt und versucht, den Tatbestand zu leugnen oder zu beschönigen.

Ähnlich werden die Reaktionen ausfallen, wenn der vierte Bereich, der Informationen enthält, die beiden Gesprächspartnern unbekannt oder unbewusst sind, angesprochen wird.

Intensive Gesprächs-vorbereitung

Um in einer Situation, die durch derart komplexe Zielsysteme, Interessenlagen und Reaktionsmöglichkeiten gekennzeichnet ist, eine gute Personalauswahl treffen zu können, ist eine intensive Gesprächsvorbereitung notwendig.

ZUMINDEST SOLLTEN SIE IM VORFELD FESTLEGEN, WER AN DEM GESPRÄCH TEILNIMMT UND WANN, WO UND UNTER WELCHEN RAHMENBEDINGUNGEN ES STATTFINDET.

Zudem sollten Sie die Bewerbungsunterlagen gelesen, Ihre Fragen ausgearbeitet und sich die Auswahlkriterien bewusst gemacht haben. Außerdem sollten Sie sich auf mögliche Fragen des Bewerbers vorbereiten (vgl. hierzu Werner, 2005).

5.2 Varianten des Bewerbungsgesprächs

Strukturierung

Bewerbungsgespräche können nach dem Grad ihrer Strukturierung unterschieden werden:

- Sehr selten kommt es vor, dass sich ein Interviewer wörtlich an einen zuvor ausgearbeiteten Fragebogen hält. Der Vorteil der Standardisierung und damit der genauen Vergleichbarkeit aller Bewerbungsgespräche kann die dadurch entstehende Inflexibilität nicht kompensieren.

Leitfadeninterviews

- Häufiger sind in der Praxis Leitfadeninterviews anzutreffen. In diesem Fall legen Sie dem Gespräch – gleich einer abzuarbeitenden Checkliste – einen Leitfaden zugrunde, der die wichtigsten Fragen und Gesprächsthemen skizziert. Mit einem Leitfaden können Sie flexibel auf den Bewerber eingehen, und er sorgt zugleich auch für eine weitgehende Vergleichbarkeit der einzelnen Gespräche.
- Völlig freie, unstrukturierte Gespräche sind ebenfalls häufig anzutreffen, und zwar vor allem, wenn es wichtig ist, individuell auf jeden Bewerber einzugehen. Die Interviewergebnisse sind dann nur noch bedingt vergleichbar.

Interviewstil

Ein harter Interviewstil wird z.B. im Rahmen eines Stressinterviews praktiziert. Der Interviewer ist kurz angebunden, barsch und oft nicht sonderlich freundlich. Er unterbricht den Bewerber und bohrt an kritischen Stellen nach. Man könnte sagen, er geht „dahin, wo es weh tut".

Harter Interviewstil

Das Gegenteil davon ist der weiche Interviewstil: Der Bewerber wird freundlich und zuvorkommend behandelt. Man versucht nicht, ihn in die Bredouille zu bringen.

Weicher Interviewstil

Einen neutralen Interviewstil pflegt der Interviewer dann, wenn er sich weder freundlich noch kritisch, sondern sachlich und geradezu gleichgültig gibt. Dem Bewerber fehlt dadurch ein wichtiges Feedback auf seine Antworten.

Neutraler Interviewstil

Zahl der Interviewer

Bewerbungsgespräche lassen sich auch danach unterscheiden, wie viele Interviewer gleichzeitig zugegen sind.

In der Praxis sieht sich der Bewerber meist einem einzigen Gesprächspartner gegenüber, der aus dem Personal- oder Fachbereich kommt. Bei dieser Form werden oft mehrere Gesprächsrunden mit verschiedenen Gesprächspartnern an einem oder mehreren Tagen veranstaltet. Beispielsweise wird in einem ersten Gespräch im Personalbereich die grundsätzliche Eignung des Bewerbers festgestellt, während der Fachvorgesetzte in einem weiteren Gespräch spezielle Fachfragen stellt und prüft, ob der Bewerber in sein Team passt.

Ein Interviewer

Aus Zeitgründen können auch mehrere Interviewer gleichzeitig an einem Gespräch teilnehmen. So können in einem Kindergarten in konfessioneller Trägerschaft an einem Bewerbungsgespräch zur Auswahl einer neuen Erzieherin beispielsweise die Leiterin des Kindergartens, ein Referent der Personalabteilung des Trägers, Vertreter des Elternbeirates und ein Pfarrer / Priester als Vertreter der Kirche teilnehmen.

Mehrere Interviewer

5.3 Interviewvorbereitung

Ein Bewerbungsgespräch findet normalerweise nicht aus heiterem Himmel statt, sondern ist im Prozess der Personalauswahl verankert. Dieser Prozess basiert auf einer aktuellen Stellenbeschreibung, die zumindest die folgenden grundlegenden Informationen beinhalten sollte:

Verankerung im Personalauswahlprozess

Erforderliche inhaltliche Bestandteile einer Stellenbeschreibung

- Stellenbezeichnung,
- allgemeine Stellenziele und evtl. Aufgaben, die die Stellenziele möglichst gut abbilden,
- Stellenbefugnisse und -verantwortung,
- Anforderungen an den Stelleninhaber, welche sich aus den Aufgaben und Arbeitsbedingungen ableiten lassen (evtl. wurden hier schon Prioritäten gesetzt, indem einige Anforderungen als notwendig, andere „nur" als wünschenswert eingeordnet wurden, die Anforderungen können sich auf körperliche, fachliche, persönliche, soziale und sonstige Eigenschaften und Kompetenzen beziehen),
- organisatorische Informationen (Stellvertretung, Einordnung der Stelle usw.).

Auf der Grundlage dieser Anforderungen werden die eingegangenen schriftlichen Bewerbungen in einer ersten Auswahlrunde selektiert, sodass nur die augenscheinlich am besten geeigneten Bewerber zu einem Gespräch eingeladen werden. Natürlich sollte auch das Bewerbungsgespräch auf den Informationen aus der Stellenbeschreibung basieren.

Das Bewerbungsgespräch sollte auf der Stellenbeschreibung basieren

---

Beispiel   **PRAXIS**

Auszug aus einer Stellenbeschreibung

- *Stellenbezeichnung:* Theaterbeleuchter
- *Überstellung:* Stellwerksbeleuchter, Vorarbeiter, Beleuchtungsmeister, Technischer Direktor
- *Vertretung:* Der Stelleninhaber wird von anderen Beleuchtern vertreten und vertritt diese
- *Aufgaben:* Beleuchtungseinrichtung und Betreuung von Produktionen und Proben; Pflege, Wartung und Reparatur von beleuchtungstechnischen Geräten; Bedienen des Beleuchtungsstellwerks; Anfertigen, Installieren und Reparieren von Beleuchtungsrequisiten und Effekten; elektrische Prüfungen nach VDE und BGV-R
- *Qualifikationen:* Abschluss als Elektriker oder Fachkraft für Veranstaltungstechnik; Führerschein; Fähigkeit zu interdisziplinärer Zusammenarbeit; die Bereiche überschreitende Zielorientierung; verantwortungsvoller Umgang mit Arbeitsmaterialien und Sachwerten

---

Themenkreise, zu denen bei einem Gespräch für die Besetzung dieser Stelle Fragen gestellt werden sollten
- Abschluss und Ausbildungsbetrieb
- Erfahrungen als Beleuchter oder Elektriker im Theater
- Kenntnisse der vorhandenen technischen Ausstattung und Beleuchtungsrequisiten
- Kenntnisse und Erfahrungen in der Bedienung eines Beleuchtungsstellwerks
- Fragen zu persönlichen Eigenschaften und Situationen, in denen diese bewiesen wurden

---

Damit ein Bewerbungsgespräch effizient und fehlerlos durchgeführt werden kann, müssen zu seiner Vorbereitung folgende Vorarbeiten seitens des Unternehmens erledigt werden: *Notwendige Vorarbeiten seitens des Unternehmens*

- Dem Interviewer müssen Stellenbeschreibung, -anzeige und Bewerbungsunterlagen vorliegen.
- Die Interviewer sind auszuwählen – z.B. Linienvorgesetzter und Recruiter: So kann man mehrere Meinungen einholen und dadurch die Fehleranfälligkeit reduzieren.
- Die Rahmenbedingungen müssen organisiert werden: Raum, Uhrzeit, Pausen zwischen den Gesprächen.
- Ein Interviewplan, der Gesprächsablauf und Rollenverteilung enthalten sollte, ist festzulegen (vgl. Kap. 3.3.2).
- Zu den einzelnen Themenbereichen sollten Fragen entwickelt werden.
- Für das Gespräch sollte ein Be- und Auswertungsbogen entwickelt werden.

SOWOHL DER INTERVIEWPLAN ALS AUCH DER AUSWERTUNGSBOGEN FÜR DAS BEWERBUNGSGESPRÄCH SOLLTEN UNTERNEHMENSWEIT STANDARDISIERT WERDEN.

Wenn mehrere Interviewer eingesetzt werden, sind folgende Punkte zu klären: *Zu klären beim Einsatz mehrerer Interviewer*

- Wer kümmert sich um welche Themenbereiche bzw. stellt welche Fragen?
- Wie und von wem wird das Gespräch gesteuert, um den „roten Faden" nicht zu verlieren?
- Wer führt in welchen Gesprächsphasen das Protokoll?

5.4 Gesprächsablauf

Wahrscheinlich weiß jeder aus eigener Erfahrung als Bewerber, dass der Verlauf von Bewerbungsgesprächen sehr unterschiedlich sein kann. Die folgende Übersicht gibt die wichtigsten Phasen des Bewerbungsgesprächs wieder, an die man sich dennoch halten kann.

Wenn Sie Ihren persönlichen Interviewplan entwickeln, können Sie die Reihenfolge der Phasen durchaus verändern. Sinnvoll ist in jedem Fall, auf einen allgemeinen Gesprächsrahmen mit einer Einstiegsphase am Anfang und der Vertragsverhandlung und Ausstiegsphase am Ende zu achten.

Phasen eines Bewerbungsgesprächs   **PRAXIS**

1. Einstieg und Aufwärmen

Diese Phase dient inhaltlich dazu, den Gesprächsverlauf darzustellen und dem Gespräch damit eine Struktur zu geben. Auf der Beziehungsebene soll eine angenehme Atmosphäre geschaffen werden, damit sich eine gemeinsame Kommunikationsebene entwickeln kann. Speziell in dieser Phase sollten die Fragen sich auf den ersten Bereich des Johari-Fensters (vgl. Kap. 3.5) beziehen.

Folgende Stationen sollte diese erste Gesprächsphase enthalten:

- Begrüßung des Bewerbers
- Vorstellung der Interviewer
- Kurze Darstellung des Gesprächsablaufs
- Small Talk mithilfe von „Eisbrecherfragen", z.B. „Wie haben Sie hierher gefunden?"

2. Informationen über das Unternehmen und den Arbeitsplatz

In dieser Phase präsentiert der Unternehmensvertreter das Unternehmen. Gesprächsgegenstand können wichtige Unternehmensdaten, die Unternehmensorganisation oder Informationen zu Abteilung und Arbeitsplatz sein. In dieser Phase können auch Fragen nach dem Wissen des Bewerbers über das Unternehmen gestellt werden.

3. Allgemeine Fragen zum Bewerber und seiner persönlichen Situation

Hier geht es um folgende Aspekte:

- Selbstvorstellung des Bewerbers
- Elternhaus, Herkunft, Familie
- Wohnort
- Hobbys und Aktivitäten

4. Besprechung des Bildungswegs

In dieser Phase sind Informationen über die Ausbildung des Bewerbers gefragt:

- Schulische Entwicklung
- Ausbildung und/oder Studium

5. Besprechung der beruflichen Tätigkeit und Entwicklung

In der Regel ist dies die wichtigste und ausführlichste Phase im Bewerbungsgespräch. Hier wird im engeren Sinne die Eignung des Bewerbers für die zu besetzende Stelle überprüft – also seine Fach- und Methodenkompetenz. Insbesondere in dieser Phase muss ein Interviewer eingesetzt werden, der über die notwendigen Kenntnisse (Betriebsabläufe, Projekte, Produkte oder Technologien) verfügt.

NEBEN DER FACH- UND METHODENKOMPETENZ IST ES MINDESTENS EBENSO WICHTIG, IM GESPRÄCH ZU PRÜFEN, DASS DER BEWERBER ÜBER DIE NOTWENDIGEN SOZIALEN UND PERSÖNLICHEN KOMPETENZEN VERFÜGT.

Gerade bei der persönlichen Kompetenz ist es für den Interviewer sehr schwer zu erkennen, wie eng sich der Interviewte an die Wahrheit hält. Deshalb darf in dieser Phase durchaus auch mit kritischeren und für den Kandidaten unangenehmen Fragen (z.B. aus dem dritten Bereich des Johari-Fensters) gearbeitet werden.

Die Fragen in dieser Phase können sich z.B. auf folgende Themenkomplexe beziehen:

- Fragen zu bisherigen Arbeitsstellen, Tätigkeiten und Projekten
- Fachliche Fragen zu Aufgaben, Prozessen, Produkten oder Betriebsmitteln
- Fragen zu prototypischem Verhalten in speziellen Arbeitssituationen
- Bisherige Karriereentwicklung
- Geplante Entwicklung der Karriere
- Weitere Pläne und Ziele

6. Spezielle Aufgaben und Übungen im Bewerbungsgespräch

In vielen Bewerbungsgesprächen fordert ein Unternehmen eigene Aktivität des Kandidaten. Hierzu eignen sich kleine Aufgaben, die als Aufhänger für das weitere Gespräch dienen. Diese Übungen können in alle Phasen des Gesprächs eingebaut werden (vgl. Stein/Maier-Stahl, 2006). Sie bieten sich allerdings besonders während der Besprechung der beruflichen Tätigkeiten an. Zu den bekanntesten Aufgaben zählen

- Selbstpräsentation,
- Lebens-/Karrierekurve,
- Rollenspiele zu Themen wie Verkauf und Kundenberatung, Reklamation, Konflikt-, Kritik- oder Kündigungsgespräch.

7. Fragen des Kandidaten

Diese Gesprächsphase ist nicht nur für den Bewerber, sondern auch für die gesprächs-führenden Unternehmensvertreter interessant und nicht nur eine lästige Pflicht. Sie erhalten Aufschluss über die Prioritäten, die der Kandidat setzt. Wofür interessiert er sich? In welcher Reihenfolge fragt er nach offenen Punkten? Beobachten Sie:

• Stellt er Fragen, die sich auf das Unternehmen selbst beziehen, z.B. nach seiner Rolle auf dem Markt, seiner Entwicklung in den letzten Jahren in Bezug auf rele-vante Kennzahlen, seiner Unternehmenskultur oder seiner Führungsphilosophie?

• Stellt er Fragen nach dem Fach-/Funktionsbereich, z.B. welche Bedeutung dieser für das Unternehmen hat, ob er bereits voll entwickelt ist oder sich noch im Aufbau befindet?

• Stellt er Fragen nach der Stelle? Fragt er z.B., warum und seit wann die Stelle zu be-setzen ist oder warum sie neu geschaffen wurde, wie sie hierarchisch eingeordnet ist oder ob es eine Stellenbeschreibung mit Befugnissen und konkreten Stellenzie-len gibt?

• Stellt er Fragen zur personellen Situation? Fragt er z.B., welche Qualifikationen die zukünftigen Kollegen haben, wer die Aufgaben vorher ausgeführt hat, ob es interne Bewerbungen gab oder wie das Betriebsklima und die Stimmung im Team ist?

• Stellt er Fragen zu vertraglichen Bedingungen (Arbeitszeit, Reisetätigkeit, Urlaub, Vergütungssystem, Entwicklungsmöglichkeiten)?

8. Vertragsverhandlungen

Sofern der interviewte Kandidat in die engere Auswahl kommt, muss geklärt werden, ob auch die ökonomische Seite einer Zusammenarbeit stimmt.

• Kündigungstermin und -fristen, frühestmöglicher Eintrittstermin

• Vorstellungen bezüglich fixer und variabler Entgeltbestandteile

• Sonstige Sozialleistungen wie Dienstwagen oder betriebliche Altersvorsorge

9. Gesprächsabschluss

Zum Abschluss sollte der Bewerber über die weitere Vorgehensweise informiert werden. Danach wird das Interview mit einem Dank für das Gespräch beendet.

UM EIN OPTIMALES ERGEBNIS ZU ERZIELEN, DAS NOCH NICHT VON GEDÄCHTNISEFFEKTEN VERFÄLSCHT WURDE, SOLLTEN SIE BEWERBUNGSGESPRÄCHE IMMER SOFORT AUSWERTEN.

Zwischen zwei Gesprächen ist also eine genügend lange Zeit einzuplanen.

Es empfiehlt sich, dabei anhand eines systematischen Aus-
wertungsbogens vorzugehen, der auf der Stellenbeschreibung basiert. Wichtig ist, dass Sie sich sowohl während des
Gesprächs als auch bei seiner Auswertung um Objektivität bemühen. Standardisierte Auswertungsbögen, die grundlegende Beurteilungskriterien enthalten, können dabei von
großem Nutzen sein.

Auswertungsbogen

5.5 Gesprächsführung im Bewerbungsgespräch

5.5.1 Gesprächstechniken

Abgesehen von wirklich sehr ungewöhnlichen Ausnahmen
sollte die Steuerung des Bewerbungsgesprächs beim Interviewer liegen. Darüber ist man sich in Theorie und Praxis weitgehend einig.

(*Ausnahme aus der Praxis:* Eine Unternehmensberatung
machte es sich zumindest eine Zeit lang zur Maxime, ein Bewerbungsgespräch ans Ende eines Assessment-Centers zu
setzen, das dann mit vertauschten Rollen ablief: Der Bewerber
durfte oder musste die Gesprächsführung übernehmen, während der „Interviewer" Rede und Antwort stand. Natürlich ist
es so für den Unternehmensvertreter nahezu unmöglich, sich
gezielte Informationen über den Bewerber zu verschaffen oder
die einzelnen Bewerber miteinander zu vergleichen. Allerdings
lassen sich aus dem Verhalten des Bewerbers interessante
Rückschlüsse ziehen, da er auf diese ungewöhnliche Situation
wahrscheinlich nicht vorbereitet ist.)

Der Interviewer sollte die Themen des Gesprächs, deren Reihenfolge und die dafür jeweils zur Verfügung stehende Zeit
bestimmen.

*TROTZ EINER GEWISS NOTWENDIGEN UND SINNVOLLEN FLE-
XIBILITÄT SOLLTE ER SICH DABEI NICHT ZU SEHR VOM VER-
HALTEN UND DEN ANTWORTEN DES INTERVIEWTEN ABLEN-
KEN LASSEN.*

Eine gute Vorbereitung, ein Interviewplan und ein Fragenkatalog sind dabei sehr hilfreich.

Maximen für die
Gesprächsführung

Bei der Gesprächsführung sollten Sie sich von folgenden Maximen leiten lassen (vgl. Schuler, 2002):

* Gehen Sie unerwarteten, aber interessanten Punkten, die der Interviewte ins Gespräch bringt, nach. Lassen Sie sich nicht von Ihrem Interviewplan beengen.
* Achten Sie auf den Plan, um wieder zum Thema zurückzufinden.
* Verlieren Sie Ihre Gesprächsziele nicht aus den Augen.
* Handeln Sie verschiedene Themen in einer sinnvollen Reihenfolge nacheinander ab.
* Vermeiden Sie irrelevante Themengebiete. Am relevantesten sind vermutlich diejenigen Themengebiete, die der infrage stehenden beruflichen Tätigkeit am nächsten liegen.
* Halten Sie keine Monologe.

Verteilung der Redean-
teile: 80:20-Faustregel

Auch wenn die Gesprächsführung in der Hand des Interviewers liegt, sollten die Redeanteile mehrheitlich beim Interviewten liegen. In diesem Zusammenhang empfiehlt sich eine 80:20-Faustregel zugunsten des Interviewten.

Zusammenfassungen

Zusammenfassungen sind eine wichtige Technik, die für die Gesprächssteuerung herangezogen werden kann. Sie können diese verwenden, um einen eloquenten Gesprächspartner, der abzuschweifen droht, wieder zum Thema zurückzuholen. Sinnvollerweise sollten Sie dann direkt die nächste Frage anschließen. (*Beispiel:* „Wir haben jetzt ausführlich über Ihre Erfahrungen in der Automobilbranche gesprochen. Was mich noch interessiert: Wie sieht es eigentlich mit Ihrer Auslandserfahrung aus?")

Nonverbale Signale zur
Gesprächssteuerung

Außer durch Zusammenfassungen können Sie das Gespräch auch gezielt durch nonverbale Signale steuern:

* Blickkontakt signalisiert Interesse. Der Effekt: Wenn Sie Ihren Gesprächspartner anschauen, äußert er sich wahrscheinlich ausführlicher zum aktuellen Thema. Durch Nicken verstärken Sie diesen Effekt.
* Auch indem Sie Gesprächspausen nicht direkt mit der nächsten Frage füllen, animieren Sie Ihren Gesprächspartner zum Weitersprechen. Aber Achtung: Lange Pausen können verunsichern.
* Durch gezielte Unterbrechungen können Sie das Gespräch aktiv beeinflussen. Weniger offensichtlich und weniger un-

angenehm wirkt eine Unterbrechung auf Ihren Gesprächspartner, wenn Sie sie mit einem Lob oder einer Zustimmung
und einer Überleitung verbinden. (*Beispiel:* „Was Sie da
über die Projektplanung sagen, ist wirklich sehr interessant. Ich stimme Ihnen da voll und ganz zu. Lassen Sie uns
doch noch über die Projektverfolgung sprechen.")

Generell können Sie jedes Gespräch durch Ihre Körperhaltung *Körperhaltung und Art*
(z.B. offen und zugewandt oder abweisend) und durch die Art *des Zuhörens*
Ihres Zuhörens (z.B. aktiv und interessiert oder gelangweilt
und abwesend) stark beeinflussen.

5.5.2 Fragetechniken

Im Bewerbungsgespräch kommt es darauf an, eine große
Menge wohl definierter Informationen über den Bewerber zu
sammeln. „Wohl definiert" meint in diesem Fall, dass es sich
nicht um irgendwelche Daten handelt, die Sie auch in einem
längeren Small-Talk-Gespräch erhalten würden, sondern um
ganz bestimmte Informationen, anhand derer Sie die verschiedenen Kandidaten miteinander vergleichen können.

Um derart vergleichbare Information zu erhalten, ist es not-
wendig, strukturiert und zielorientiert vorzugehen. Das erfor- *Strukturiertes und ziel-*
dert eine klare Gesprächsführung durch den Interviewer. *orientiertes Vorgehen*

*GLEICHWOHL SOLLTE DER INTERVIEWTE DURCH DIE GE-
SPRÄCHSSTEUERUNG ABER AUCH NICHT ZU SEHR EINGE-
SCHRÄNKT WERDEN – ANSONSTEN RISKIEREN SIE EINEN ZU
GROSSEN INFORMATIONSVERLUST.*

Als Interviewer sollten Sie darüber hinaus vermeiden, durch
dirigistisches Gesprächsverhalten Ihre Gesprächsziele zu of-
fenbaren: Dadurch würden Sie ungewollt die Tendenz des Kandidaten, strategisch zu antworten, verstärken.

Deshalb sollten geschlossene Fragen (vgl. Kap. 4.2.3) in Bewerbungsgesprächen eher die Ausnahme sein. Sinnvoll sind
geschlossene Fragen in diesem Kontext nur zur Zeit sparenden
Präzisierung unklarer Antworten und zur Verifizierung von
Angaben aus den Bewerbungsunterlagen. Auch wenn Sie ein
Gespräch – z.B. bei einem sehr redseligen oder redegewand-
ten Gesprächspartner – wieder in die gewünschte Richtung
lenken möchten, können geschlossene Fragen hilfreich sein.

*Offene Fragen im
Bewerbungsgespräch*

Offene Fragen erbringen hingegen im Regelfall sehr schnell eine große Menge an Informationen und ermöglichen es dem Interviewer, etwas über das Kommunikationsverhalten, den Wortschatz und die Redegewandtheit seines Gesprächspartners zu erfahren. Zu ausschweifende Antworten können mithilfe von Zusammenfassungen und geschlossenen Fragen leicht wieder zum Thema zurückgeführt werden.

Offene Fragen können auf sehr unterschiedliche Art und Weise gestellt und angewandt werden. Im Folgenden werden verschiedene Einsatzmöglichkeiten erläutert.

SONDIERUNGSFRAGEN (PROBING)

*Genaue Informationen
zu einem Themengebiet
erfragen*

Sondierungsfragen können eingesetzt werden, um genaue Informationen zu einem Themengebiet zu erhalten. Sie prüfen damit, ob der Bewerber etwa anhand von Beispielen glaubhaft machen kann, dass er das, was er allgemein beschrieben hat, auch konkret und im Detail weiß.

Die Erfahrung zeigt, dass sich viele Menschen schwer damit tun, etwas ganz konkret anhand eines möglichst gut und prototypisch ausgewählten Einzelfalles praxisnah zu beschreiben. Vielfach trifft man eher das Bemühen an, eine Vielfalt von Einzelfällen auf einen Nenner zu bringen und möglichst allgemein darzustellen. In diesen Fällen ermutigen Sondierungsfragen den Interviewten, konkret zu werden.

Beispiel: Der Interviewer sagt, „Beschreiben Sie uns doch bitte Ihre Projekte im Bereich Abwasseraufbereitung." Daraufhin hebt der Interviewte wie folgt an: „Im Bereich Abwasseraufbereitung habe ich an einer Vielzahl von Projekten im In- und Ausland mitgearbeitet. Ich habe dabei von der Projektplanung über die Inbetriebnahme bis hin zur Mitarbeiterschulung alle Facetten des Projektgeschäftes kennen gelernt ..." Um konkrete Details zu erfahren, hakt der Interviewer nach: „An welchen Projekten haben Sie genau mitgewirkt und in welcher Weise?"

ERWEITERUNGSFRAGEN (EXTENSIONS)

*Anregung zu weiteren
Ausführungen*

Dieser Fragetyp funktioniert grundsätzlich genauso wie die gerade dargestellte Sondierungsfrage: Er regt also den Gesprächspartner zu weiteren Ausführungen an.

Beispiel: Der Interviewte beschreibt, wie er seine Mitarbeiter bei der Entscheidungsfindung in einer komplizierten Situation eingebunden hat. Erweiterungsfrage des Interviewers: „Erzählen Sie mir bitte mehr darüber, wie Sie Ihre Mitarbeiter in Ihre Entscheidungen einbeziehen."

ANKNÜPFUNGSFRAGEN (LINKING QUESTIONS)

Mit einer Anknüpfungsfrage bezieht sich der Interviewer auf etwas, das schon vorher im Gespräch erwähnt wurde. Mithilfe dieser Technik kann er noch sanfter als durch eine Zusammenfassung wieder zum Thema zurückkommen bzw. zu einem anderen Thema überleiten. Zudem beweist der Interviewer damit, dass er nicht nur Fragen stellt, sondern den Antworten auch zuhört (vgl. aktives Zuhören, Kap. 2.3.1).

Bezug zu im Gespräch bereits Erwähntem

Beispiel: Der Interviewte beschreibt, wie er eine Prozessoptimierung in der Produktion geleitet hat, und erwähnt dabei die Widerstände der Mitarbeiter. Anknüpfungsfrage des Interviewers: „Sie sprachen gerade die Widerstände der Belegschaft gegen Restrukturierungen an. Darauf möchte ich gerne noch mal zurückkommen. Wie sollte man Ihrer Meinung nach mit solchen Widerständen umgehen?"

REFLEXIONSFRAGEN

Auch mit diesem Fragetyp zeigt der Interviewer, dass er zugehört hat, und zwar indem er in Frageform wiederholt, was der Interviewte zuvor gesagt hat. So beugen Sie Missverständnissen vor und regen den Bewerber dazu an, weiterzusprechen.

Beispiel: Der Interviewte erwähnt, dass es bei einem Projekt Schwierigkeiten mit dem Hauptlieferanten gab. Interviewer: „Es gab Schwierigkeiten mit Ihrem Lieferanten?"

Obwohl Reflexionsfragen einfach mit „Ja" beantwortet werden könnten, entspricht es dem normalen menschlichen Kommunikationsverhalten (zumal in einem Bewerbungsgespräch), sich weiter zu öffnen und mehr zu erzählen.

SITUATIVE FRAGEN

Situative Fragen sind hypothetische Fragen, die sich darauf beziehen, wie ein Kandidat mit konstruierten Situationen umgehen würde.

Hypothetische Fragen

ZU BEACHTEN IST HIERBEI, DASS OFT EIN UNTERSCHIED BESTEHT ZWISCHEN DEM, WAS MAN GLAUBT, TUN ZU WÜRDEN, UND DEM, WAS MAN WIRKLICH TUT.

Frage nach Beispielen für ähnliches Verhalten in der Vergangenheit

Daher sollte die Validität dieses Fragetyps verbessert werden, indem nach Beispielen für ähnliches Verhalten in der Vergangenheit gefragt wird. Auch Berufsanfängern, die noch nicht über längere Berufserfahrung verfügen, kann man solche Fragen mit Gewinn stellen.

Beispiel: Interviewer: „Stellen Sie sich vor, Sie bearbeiten gerade ein lang laufendes Kundenprojekt, das in die entscheidende Schlussphase eintritt. Sie stehen unter hohem Zeitdruck. Ihr Vorgesetzter kommt zu Ihnen und bittet Sie, für einen A-Kunden ein Angebot für die Inbetriebnahme eines neuen Produktionssystems zu erstellen. Als Sie zwei Wochen später das Angebot fast fertig haben, meldet sich Ihr Vorgesetzter wieder und wirft Ihren Entwurf über den Haufen, weil er vergessen hat, Ihnen einige wesentliche Vorgaben mitzuteilen. Wie reagieren Sie darauf?" Der Interviewte antwortet. Anschließend fragt der Interviewer: „Waren Sie in der Vergangenheit in ähnlichen Situationen?"

VERHALTENSORIENTIERTE FRAGEN (BEHAVIOUR-BASED QUESTIONS)

Fragen zu wirklich erlebten Situationen

Im Gegensatz zu den situativen Fragen beziehen sich verhaltensorientierte Fragen auf wirklich erlebte Situationen. Mit ihrer Hilfe versucht man, anhand des zurückliegenden Verhaltens auf die Kompetenzen des Bewerbers zu schließen. Dieser Vorgehensweise liegt die Hypothese zugrunde, dass vergangenes Verhalten ein Prädiktor für zukünftiges Verhalten ist. Bei Berufsanfängern können sich solche Fragen auch auf den außerberuflichen Bereich beziehen.

Beispiel: Interviewer: „Beschreiben Sie mir eine Situation, in der Sie in einem Streitgespräch vermittelt und die Parteien zu einer Einigung gebracht haben."

Fragesequenz **PRAXIS**

Achten Sie speziell bei den situativen und verhaltensorientierten Fragen darauf, jeweils eine komplette Fragesequenz abzuarbeiten. Eine Fragesequenz besteht aus
- einer Frage zu einer Situation (Wie war die Situation / wie waren die Umstände?),
- aus einer Frage zum gezeigten Verhalten (Was haben Sie in dieser Situation getan?) und

> • einer Frage zum Ergebnis (Welche Konsequenzen zog
>   Ihr Verhalten nach sich?).
>   Widersprüche und Ungereimtheiten können Sie am besten
>   aufdecken, wenn Sie die Antworten einer kompletten
>   Fragesequenz miteinander vergleichen können.

Folgende Fragetypen sollten in Bewerbungsgesprächen nur in Ausnahmefällen verwendet werden:

Fragetypen, die nur in Ausnahmefällen ins Bewerbungsgespräch gehören

• SUGGESTIVFRAGEN (also Fragen, durch die der Befragte ganz gezielt zu einer gewollten Antwort bewegt werden soll) sind nicht zu empfehlen, weil sie entweder keinen Erkenntnisgewinn bringen oder nur eine unfaire Gesprächstaktik sind, die das Gesprächsklima belastet.

• RHETORISCHE FRAGEN (also Fragen, deren Antwort der Fragende schon kennt bzw. deren Beantwortung er nicht erwartet) bringen ebenfalls keinen Erkenntnisgewinn.

• FRAGEKETTEN (die Aneinanderreihung mehrerer Fragen) verwirren den Interviewten und es besteht für beide Seiten die Gefahr, dass ein wichtiger Frageteil übersehen wird.

• ALTERNATIVFRAGEN (also die Nennung von zwei oder mehreren Alternativen) haben einen zu sehr lenkenden Charakter und schränken den Kandidaten in seinen Antwortmöglichkeiten stark ein. Im schlimmsten Fall entscheidet sich der Kandidat für die Alternative, die für ihn das kleinere Übel darstellt, die ihn aber nur unzureichend charakterisiert.

5.5.3 Themenbereiche und Beispielfragen

Für ein Bewerbungsgespräch gibt es kaum thematische Grenzen. Fast alle Themen können in einem speziellen Kontext oder einer besonderen betrieblichen Situation von Interesse sein. Entsprechend ist es kaum möglich, eine auch nur annähernd vollständige Auflistung aller sinnvollen Fragen zu erstellen.

Für ein Bewerbungsgespräch gibt es kaum thematische Grenzen

Im Folgenden finden Sie einige in Bewerbungsgesprächen häufig angesprochene Themenbereiche, die anhand einfacher Beispielfragen vorgestellt werden und nach den wesentlichen Phasen eines Bewerbungsgesprächs (vgl. Kap. 5.4) geordnet sind. Diese Beispiele sollen Ihnen zusammen mit den zuvor dargestellten Fragetechniken helfen, einen umfangreichen, individuell an Ihre zu besetzende Stelle angepassten Fragenkatalog zu entwickeln.

Beispielfragen für Bewerbungsgespräche | PRAXIS

1. Einstiegsfragen

Einstiegsfragen sind in der Regel leicht zu beantworten und dienen dazu, sich in der neuen Situation zurechtzufinden, eine angenehme Atmosphäre zu schaffen und eine gemeinsame Gesprächsebene zu entwickeln. Aufgrund dieser Eigenschaften sind sie dem Bereich 1 des Johari-Fensters (vgl. Kap. 3.5) zuzuordnen. *Beispiele:*

- „Wie haben Sie hergefunden?"; „Haben Sie uns gleich gefunden?"
- „Wie sind Sie auf uns aufmerksam geworden?"
- „Was hat Sie an unserer Stellenanzeige angesprochen?"

2. Fragen zum Unternehmen

Fragen zum Unternehmen haben einen ernsten Hintergrund: Sie prüfen nicht nur Wissen ab, sondern zeigen das Engagement, mit dem sich der Bewerber vorbereitet hat, und seine Beweggründe. Ist er gut vorbereitet, sollten diese Fragen kein Problem darstellen. Ähnlich sieht es mit den unter den Punkten 3 und 4 genannten Fragen aus. *Beispiele:*

- „Was wissen Sie über uns?"; „Kennen Sie unsere Produkte?"
- „Hatten Sie schon mit unserem Unternehmen zu tun?"
- „Was gefällt Ihnen an unserm Haus?"

3. Allgemeine Fragen zum Bewerber

Beispiele:

- „Stellen Sie sich bitte kurz selbst vor."; „Erzählen Sie etwas über sich."
- „Welche Hobbys haben Sie?"
- „Wie ist Ihre familiäre Herkunft / Ihr Familienstand?"
- „Erzählen Sie etwas über Ihren Freundeskreis."
- „Wie würde ... Sie beschreiben?"
- „Wie schätzen Sie sich selbst ein?"; „Was zeichnet Ihre Persönlichkeit aus?"
- „Welche Vorlieben/Bedürfnisse/Ziele/Pläne haben Sie?"

4. Fragen zur Ausbildung

Beispiele:

- „Warum haben Sie ... gelernt/studiert?"
- „Was waren Ihre Ausbildungs- oder Studienschwerpunkte?"
- „Sie nennen in Ihrem Lebenslauf folgende Tätigkeiten während Ihrer Ausbildung: ... Können Sie das näher erläutern?"
- „Was haben Sie neben Ihrer Ausbildung / Ihrem Studium gemacht?"

5. Fragen zu beruflichen Tätigkeiten

Spätestens in dieser Phase werden Sie als Interviewer dem Kandidaten auch einmal so richtig auf den Zahn fühlen wollen. Also sollten Sie seine Angaben hinterfragen (nicht bezweifeln!) und ihn bitten, diese anhand von Beispielen zu konkretisieren. Dazu bieten sich vor allem situative und verhaltensorientierte Fragen an.

Beispiele:

- „Sie nennen in Ihrer Bewerbung folgende Tätigkeitsschwerpunkte: … Können Sie das näher erläutern?"
- „In Ihrem Lebenslauf schreiben Sie, Sie verfügen über folgende Fähigkeiten: … Bitte erzählen Sie etwas darüber."
- „Ihrem Lebenslauf habe ich entnommen, dass Sie über folgende Zusatzqualifikationen und Weiterbildungen verfügen. Würden Sie das bitte erläutern?"
- „Warum möchten Sie für uns arbeiten?"
- „Was reizt Sie an dieser Tätigkeit?"
- „Wo sehen Sie Ihre Stärken und Schwächen?"
- „Auf welche beruflichen Leistungen sind Sie besonders stolz?"; „Wovon war Ihre berufliche Entwicklung bisher gekennzeichnet?"
- „Warum sollten wir Sie einstellen? Was können Sie besser als andere?"
- „Was erscheint Ihnen an der angebotenen Aufgabe attraktiv, was weniger?"
- „Worauf legen Sie im Beruf Wert?"
- „Wie gehen Sie mit Kritik um?"
- „Worüber können Sie sich richtig ärgern? Wie lange hält Ihr Ärger an?"
- „Was würden Sie tun, wenn …?"
- „Wie lange würden Sie brauchen, bis Sie die Aufgabe voll im Griff haben?"
- „Wie stellen Sie sich Ihren idealen Vorgesetzten bzw. seinen Führungsstil vor?"
- „Wie würden Sie Ihren Erziehungs-/Führungsstil bezeichnen bzw. umschreiben?"
- „Was beurteilen Sie an Ihrer letzten Position als positiv, was als negativ?"
- „Welche Vorstellungen und Ziele haben Sie für die nächsten Jahre?"
- „Welche Weiterbildungsangebote haben Sie zuletzt genutzt?"
- „Was ist Ihnen für die Arbeit im Team wichtig?"
- „Über welches Führungswissen und welche Führungserfahrung verfügen Sie?"
- „Was sind Gründe für Ihren bisherigen Erfolg oder Misserfolg?"

Zum **Abschluss** sollten Sie dem Interviewten auf jeden Fall noch die Möglichkeit einräumen, selbst Fragen zu stellen: „Welche Fragen haben Sie jetzt noch?"

5.5.4 Nonverbales Verhalten

Auch wenn durch situative und verhaltensorientierte Frage-stellungen das Bewerbungsgespräch einen konkreten Praxis-bezug erhält, besteht immer noch die Möglichkeit einer mit-unter großen Theorie-Praxis-Differenz der Aussagen des Kandidaten. Die ein oder andere Übertreibung, Schummelei oder auch Lüge können Sie nicht nur an Widersprüchen in den Aussagen des Bewerbers erkennen, sondern auch, indem Sie sein nonverbales Gesprächsverhalten genau beobachten.

DIE BEOBACHTUNG DES NONVERBALEN VERHALTENS LIE-FERT WICHTIGE HINWEISE AUF DEN WAHRHEITSGEHALT DES-SEN, WAS DER INTERVIEWTE SAGT.

Nonverbales Verhalten lässt auf die Persönlich-keit des Kandidaten schließen

Darüber hinaus lässt das nonverbale Verhalten auch wertvolle Rückschlüsse auf die Persönlichkeit des Kandidaten zu. Wich-tige Signale sind beispielsweise ein besonders entspanntes Verhalten, ein positives Kommunikationsklima oder eine kon-zentrierte Gesprächsführung.

Die nonverbale Kommunikation sollte also bewusst regis-triert und ausgewertet werden, um Verzerrungen und Fehlur-teilen vorzubeugen. Der US-amerikanische Psychologe Albert Mehrabian konnte in einer Studie belegen, dass sogar nur sieben Prozent einer Botschaft vom Inhalt der gesprochenen Wörter abhängen (vgl. Mehrabian, 1972) – die restlichen 93 Prozent werden über Körpersprache und Stimme vermit-telt. Ähnliches bestätigte Michael J. Gelb 1997.

Wichtige nonverbale Indizien

Einige wichtige nonverbale Indizien, die – abhängig von der Situation – Rückschlüsse auf die Person des Kandidaten zulas-sen, sind:

- HÄNDEDRUCK (warm oder kalt; feucht oder trocken; kräftig, aggressiv oder weich; zaghaft oder umfassend)
- BLICKKONTAKT (anstarren oder abwenden; verschämt, un-sicher, überrascht, zweifelnd etc.)
- SITZHALTUNG (ruhig oder unruhig; Fluchthaltung, ver-krampft und unsicher, aufrecht oder zurückgelehnt und ge-radezu übermäßig entspannt)
- TONFALL (hoch oder tief; schnell oder langsam; stockend oder flüssig; gepresst, ruhig, überschlagend, stotternd, nu-schelnd etc.; monoton oder modulierend; ruhig oder unru-hig; Dialekt, erzwungene oder natürliche Hochsprache)

5.5.5 Unzulässige Fragen

Bestimmte Aspekte der Privatsphäre werden durch den Gesetzgeber in besonderer Weise geschützt. Fragen zu diesen Themenbereichen sind unzulässig. Wenn ein Kandidat (oder, was häufiger vorkommt, eine Kandidatin) in einem Bewerbungsgespräch mit einer solchen Frage konfrontiert wird, muss er oder sie nicht wahrheitsgemäß darauf antworten. Wenn sich die Antwort später als gelogen herausstellt, ist das kein Kündigungsgrund.

Dies ist nicht der Ort, um zu klären, wie effektiv dieser gesetzliche Schutz ist – darüber ließe sich sicherlich diskutieren. Für das Thema dieses Buches ist es aber wesentlich wichtiger zu diskutieren, was eine unzulässige Frage überhaupt bringt: Nicht jeder Kandidat ist in der Lage – sei es aus Unwissenheit oder, weil er ganz einfach überrumpelt wird –, sich schnell genug eine glaubwürdige Geschichte zurechtzulegen, wenn er mit einer unzulässigen Frage konfrontiert wird und nicht wahrheitsgemäß antworten möchte.

Was bringt eine unzulässige Frage?

Dementsprechend entsteht für Sie als Interviewer ein Erkenntnisgewinn: Wie souverän geht der Interviewte mit dieser Situation um?

SIE KÖNNEN ALSO AUCH GANZ BEWUSST EINE STRESSSITUATION PROVOZIEREN, UM DAS VERHALTEN DES BEWERBERS ZU TESTEN.

Gegen unzulässige Fragen spricht allerdings die Tatsache, dass die Antworten auf eine solche Frage in hohem Maße verfälscht und damit wertlos sein werden. Letztendlich muss sich natürlich jeder Interviewer selbst fragen, wie weit er zu gehen bereit ist.

Im Folgenden finden Sie eine Liste mit Themengebieten, nach denen im Bewerbungsgespräch nicht gefragt werden darf. Allerdings hat bekanntlich jede Regel ihre Ausnahmen – und so ist es auch bei den im Regelfall unzulässigen Fragen im Bewerbungsgespräch.

Themengebiete, nach denen nicht gefragt werden darf

SIE SOLLTEN DIE FOLGENDE LISTE ALSO IM EINZELFALL – AM BESTEN MIT SACHKUNDIGER JURISTISCHER HILFE – AUF AUSNAHMEN PRÜFEN.

Unzulässige Fragen im Bewerbungsgespräch　　**PRAXIS**

Fragen zu diesen Themengebieten sind in der Regel nicht zulässig:

- Fragen zu Heiratsabsichten, intimen Beziehungen und Schwangerschaft
- Fragen zu einer HIV-Infizierung
- Fragen zur Religionszugehörigkeit (außer bei konfessionell gebundenen Arbeitgebern)
- Fragen zur Zugehörigkeit zu einer politischen Partei (außer bei parteipolitisch gebundenen Arbeitgebern)
- Fragen zu Vermögensverhältnissen oder eventuellen Pfändungen
- Fragen zu Vorstrafen
- Fragen zur gewerkschaftlichen Zugehörigkeit

Offenbarungspflicht des Bewerbers

In einem Bewerbungsgespräch unterliegt der Kandidat einer Offenbarungspflicht. Das heißt, dass er ungefragt all das offenlegen muss, was für die Aufnahme eines Arbeitsverhältnisses relevant ist – insbesondere wenn es der vereinbarungsgemäßen Aufnahme der Tätigkeit entgegensteht, wie beispielsweise Krankheit, anstehende Kuren, eine Schwangerschaft, Schwerbehinderung oder ein Wettbewerbsverbot.

5.5.6 Tipps und Tricks

Zum Abschluss dieses Kapitels finden Sie hier nun eine Reihe von Tipps und Tricks, die Sie beim Führen von Bewerbungsgesprächen beachten sollten.

DAS BEWERBUNGSGESPRÄCH BEGINNT SCHON, BEVOR GEREDET WIRD!

Nonverbale Signale beachten

Achten Sie von Anfang an auch auf nonverbale Signale des Bewerbers, etwa sein Auftreten oder den Stil seiner Kleidung.

NICHT NUR DER INHALT ZÄHLT!

Über den Bewerber können Sie anhand seiner Ausdrucksweise, Wortwahl, Sprachgewandtheit und seines Kommunikationsstils eine Menge erfahren.

STELLEN SIE DIE WARUM-FRAGE!

Die meisten Bewerber tun sich sehr schwer mit der Beantwortung dieser Frage. Schon die Auskunft, warum man sich für diese Stelle beworben habe, ruft aufseiten des Bewerbers oftmals Probleme hervor. Hier trennt sich die Spreu vom Weizen.

EINE FRAGE DARF ZWEIMAL GESTELLT WERDEN!

Natürlich ist es besser, wenn Sie dann nicht denselben Wortlaut benutzen. Auch sollten Sie die identischen Fragen möglichst nicht direkt hintereinander stellen. Aber:

BESONDERS WICHTIGE PUNKTE AUS VERSCHIEDENEN PERSPEKTIVEN ZU BELEUCHTEN UND DABEI AUF WIDERSPRÜCHE ZU ACHTEN, HAT SICH SCHON OFT ALS HILFREICH ERWIESEN.

BERÜCKSICHTIGEN SIE UNTERSCHIEDLICHE KOMMUNIKATIONSKULTUREN!

Verschiedene Kommunikationskulturen können zwischen Kollegen mit verschiedenartigen Ausbildungen und – davon abhängig – zwischen verschiedenen Fachbereichen eines Unternehmens herrschen. Neben dem Fachchinesisch, das manchen Professionen eigen ist, mag beispielsweise für den IT-Spezialisten der Hinweis darauf ausreichen, dass ein bestimmtes Modul des Buchhaltungsprogramms an die Firmenspezifika angepasst wurde. Auch wenn diese Aussage völlig korrekt und nicht mit Fachtermini gespickt ist, ist sie für den Betriebswirt deshalb noch nicht unbedingt in ihrer ganzen Tragweite zu erfassen.

Unterschiedliche Kommunikationskulturen

Drängen Sie deshalb auf Präzisierung: „Was haben Sie genau getan? An welche Prozesse wurde das Programm angepasst? Welche Funktionen hat das Programm? Wie lange dauerte das?"

Auf Präzisierung drängen

6 TELEFONINTERVIEWS

6.1 Allgemeines

Neben der klassischen Form des Interviews von Angesicht zu Angesicht etabliert sich insbesondere im Bereich der Personalauswahl mehr und mehr das Telefoninterview als nützliches Instrument. In der Marktforschung werden Telefoninterviews schon seit langer Zeit eingesetzt. Die Vor- und Nachteile dieser Methode können Sie der folgenden Übersicht entnehmen.

VORTEILE	NACHTEILE
+ Ein Telefoninterview ist schnell durchführbar und kostengünstig.	– In einem Telefoninterview ist man auf die rein verbale Kommunikation beschränkt; viele Hilfsmittel oder Übungen können nicht eingesetzt werden.
+ Es gewährleistet eine größere Anonymität als ein persönliches Gespräch. Dadurch ist die Hemmschwelle des Interviewten, heikle Fragen zu beantworten, eventuell geringer als im persönlichen Kontakt.	– Informationen über nonverbales Verhalten gehen verloren.
+ Telefoninterviews haben eine hohe Rücklaufquote.	– Die Interviews fallen deutlich kürzer aus als bei anderen Befragungsformen.
+ Standardisierte Telefoninterviews sind leicht delegierbar (Assistent, Callcenter).	– Größere Anonymität kann auch größere Vorbehalte und damit Zurückhaltung schaffen.
	– Die Gefahr ist groß, dass man sich ein falsches Bild vom Interviewten macht.
	– Oft ist es umständlich, langwierig oder mühsam, den gewünschten Interviewpartner zu erreichen.

Auch wenn die Liste der Nachteile länger ist als die der Vorteile, sollten Sie Telefoninterviews nicht von vornherein ablehnen. Besser ist es, den jeweiligen Anwendungsbereich im Einzelnen zu betrachten.

BESONDERS DAS ARGUMENT DER ZEITERSPARNIS, SCHNELLIGKEIT UND ÖKONOMIE IST STARK FÜR DAS TELEFONINTERVIEW ZU GEWICHTEN.

6.2 Telefoninterviews zur Bewerberauswahl

Nach dem Versand ihrer Bewerbungsunterlagen hoffen Bewerber zumeist auf eine baldige und positive Reaktion des angeschriebenen Unternehmens. Kaum ein Bewerber ist in dieser Phase darauf vorbereitet, von einem Personalreferenten zu Hause angerufen zu werden. Ob dieses Überraschungsmoment ein Vor- oder ein Nachteil ist, ist schwer zu beurteilen:

Überraschungsmoment

- Einerseits ist der Interviewte in diesem Fall weniger gut auf das Gespräch vorbereitet. Es ist deshalb schwerer für ihn, wohl durchdachte Antworten zu geben; er wird zu spontanem Antwortverhalten gezwungen.
- Andererseits kann mangelnde Vorbereitung des Interviewten auch ein Nachteil für den Interviewer sein, wenn der Interviewte dadurch nicht alle Informationen parat hat, die der Interviewer erfahren möchte.

Viele Führungskräfte haben für Bewerbungsgespräche kein separates oder zumindest nur ein äußerst begrenztes Zeitbudget.

TELEFONISCHE VORABINTERVIEWS SIND DESHALB EIN GUTES INSTRUMENT, UM MIT SEINER ZEIT WIRTSCHAFTLICH UMZUGEHEN.

Erst, wenn ein Bewerber in diesem Telefoninterview einen positiven Eindruck hinterlassen hat, wird er zu einem persönlichen Gespräch eingeladen.

In seiner Funktion als Vorabauswahl stellt das telefonische Bewerbungsgespräch nach der Sichtung der schriftlichen Bewerbungsunterlagen den zweiten Filter dar. Es sollte nach Möglichkeit aber auf die Funktion der Vorauswahl reduziert und thematisch entsprechend eingegrenzt werden, weil …

Das Telefoninterview als Instrument der Vorauswahl geeigneter Bewerber

- fast alle nonverbalen Aspekte der Kommunikation am Telefon ausgeschaltet sind,
- viele Übungen (Rollenspiele) nicht durchführbar sind,
- Eigenschaften wie Teamfähigkeit und Sozialkompetenz nur unzureichend erfasst werden können und
- ein unmittelbarer persönlicher Eindruck nur lückenhaft möglich ist.

Durch die enge Eingrenzung der Funktion eines Telefoninterviews ist ein hohes Maß an Standardisierung möglich. Diese wiederum gewährleistet, dass die Interviews leicht delegiert werden können, und fördert zudem deren Vergleichbarkeit. Gerade bei einem Vorauswahlinstrument und in der reduzierten Situation von Telefoninterviews ist Vergleichbarkeit ein wesentlicher Erfolgsfaktor.

Sie sollten sich aber davor in Acht nehmen, aus falschem Effizienzdenken heraus den Auswahlprozess im Wesentlichen auf Telefoninterviews zu beschränken, da falsche Angaben der Interviewten am Telefon ungleich schwerer erkennbar sind.

Beschränkung auf wesentliche Themenbereiche

Das Telefoninterview zur Bewerberauswahl sollte auf einige wesentliche Themenbereiche beschränkt bleiben:

- Überprüfung der Daten aus der schriftlichen Bewerbung,
- kurze Selbstvorstellung des Kandidaten,
- Befragung zu unklaren oder problematischen Punkten im Lebenslauf,
- Überprüfung der grundlegenden fachlichen Kompetenz, sodass man im eigentlichen Bewerbungsinterview direkt ins Detail gehen kann,
- kurze Erhebung wesentlicher Werte, Vorgehensweisen und Charaktermerkmale, die idealerweise mit der Philosophie des Unternehmens übereinstimmen sollten.

Standardisierter Interviewplan

In Anlehnung an diese Punkte sollte ein standardisierter Interviewplan erstellt werden, der von einem Referenten oder Assistenten des eigentlichen Entscheidungsträgers abtelefoniert wird (vgl. Abb. 8).

Wenn das Gespräch nicht aufgezeichnet werden kann, sollte es zumindest sorgfältig protokolliert werden. Das Protokoll wird erleichtert, wenn der Interviewplan einige Alternativ- oder Skalenfragen aufweist.

Erst wenn sich bei der Analyse und dem Vergleich der Protokolle herausstellt, dass ein Bewerber zu den Topkandidaten gehört, wird er zum persönlichen Gespräch eingeladen. Bei dessen Vorbereitung sollte dann natürlich darauf geachtet werden, dass alle Kandidaten zuvor an einem Telefoninterview teilgenommen haben. Durch diese Verfahrensweise kann ein Personalentscheider viel Zeit gewinnen, denn die wichtigsten Informationen sind aus den Unterlagen und aus dem Bericht des Vorabtelefoninterviews ersichtlich.

Interviewplan – Telefoninterview	Datum: 15.11.2007
	Uhrzeit: 12:30 Uhr

Ausgeschriebene Stelle:	Vertriebsmitarbeiter
Kandidat:	Herr Kastrop
Interviewer:	Herr Schubert (Personalreferent)

	++	+	o	–	– –
Sympathie					
Stimme					
Schlagfertigkeit					
Wortwahl					
Höflichkeit					
...					

- *Begrüßung, Vorstellung, Erläuterung von Zweck und Ablauf des Anrufs*
- *Frage, ob der Kandidat jetzt Zeit und Ruhe hat*
- Welche Aufgaben wünschen Sie sich?
- Welche Erfahrungen haben Sie in diesem Bereich?
- Wie verstehen Sie die ausgeschriebene Position?
- Was würde Ihnen daran Spaß machen?
- *Fragen zu den K.-o.-Kriterien*
- *Eintrittstermin:*
- *Gehaltsvorstellung:*

Notizen:

	Ja	Nein
Absage		
Terminvereinbarung		

Abb. 8: Beispiel für einen Telefoninterviewplan

Telefoninterviews zur Bewerberauswahl haben Vor- und Nachteile – sowohl für den Personalsuchenden als auch für den Bewerber:

VORTEILE	NACHTEILE
+ Mit geringfügigem Aufwand gewinnt man schnell Informationen. + Man spart Zeit, da die Vorauswahl die Zahl der Bewerbungsgespräche minimiert. + Ein erster Eindruck entsteht, insbesondere bei der Erstansprache. + Das Telefonverhalten des Bewerbers kann beurteilt werden; er muss schnell und flexibel reagieren. + Das Telefoninterview kann als Arbeitsprobe betrachtet werden.	– Oft ist mehrmaliges Telefonieren nötig, bis der richtige Ansprechpartner am Hörer ist. – Nicht immer kann ein authentisches Bild des Bewerbers entstehen. – Das Unternehmen kann nur über das Telefon für sich werben, ohne dass der Kandidat sich einen persönlichen Eindruck verschaffen kann.

Wie bei allen Datenerhebungsmethoden können auch beim Telefoninterview ungünstige Umstände zu Auswahlfehlern führen: Ein aussichtsreicher Bewerber beispielsweise wird von einem Anruf überrascht und ist der Situation nicht gewachsen. Er formuliert schlecht, ist zu nervös und scheitert kläglich, obwohl er die besten Voraussetzungen mitbringt.

6.3 Tipps und Tricks

Wenn Sie ein Telefoninterview zur Bewerberauswahl führen, sollten Sie sich über zweierlei im Klaren sein:
1. Sie rufen möglicherweise zur Unzeit an.
2. Bei einem Telefonat findet ein unvollständiger Signalaustausch statt.

Welche Implikationen das im Einzelnen hat, wollen wir uns kurz anschauen.

Anruf zur Unzeit

Der Interviewte ist im Moment vielleicht verhindert, unvorbereitet oder indisponiert. Seien Sie also geduldig mit ihm bzw.

gestehen Sie ihm eine Aufwärmphase zu. Folgendermaßen können Sie in dieser Situation vorgehen:

- Stellen Sie sich vor und nennen Sie den Grund Ihres Anrufs. Bieten Sie falls nötig an, einen Gesprächstermin zu vereinbaren. Das könnte auch schon der richtige Zeitpunkt sein, kurz den Ablauf des Interviews zu schildern.
- Beginnen Sie mit einfacheren offenen Fragen, z.B. mit der Bitte um eine Selbstpräsentation und mit Fragen zum Lebenslauf oder zu Erfahrungen und Qualifikationen, um den Interviewten zum freien Reden zu animieren. Gehen Sie erst dann „ans Eingemachte".
- Sprechen Sie vor allem in der ersten Interviewphase langsam, laut und deutlich.

Unvollständiger Signalaustausch

Der Interviewte kann Sie nicht sehen und ist somit ausschließlich auf Ihre verbalen Signale angewiesen; Ihre körpersprachlichen Signale fehlen ihm. Ihnen geht es umgekehrt natürlich genauso. Dadurch können leicht Missverständnisse entstehen.

Gefahr von Missverständnissen

DA IHNEN VIELE NONVERBALE EINDRÜCKE FEHLEN, DIE IHR URTEIL BEEINFLUSSEN KÖNNTEN ODER ZU EINEM ANDEREN ERSTEN EINDRUCK GEFÜHRT HÄTTEN, SOLLTEN SIE EIN SCHNELLES URTEIL VERMEIDEN.

Es gibt eine ganze Reihe von Verhaltensweisen und Kommunikationstechniken, die Sie vor diesem Hintergrund sehr nutzbringend einsetzen können:

Kommunikationstechniken für das Telefoninterview

- Sprechen Sie langsamer und deutlicher als sonst und bemühen Sie sich darum, verstärkt die Hochsprache zu verwenden.
- Fragen Sie nach, ob der Interviewte alles verstanden hat bzw. wie er es verstanden hat, und bitten Sie ihn um eine Zusammenfassung. Da sich nicht jeder Interviewkandidat nachzufragen traut, wenn er etwas nicht verstanden hat, sollten Sie das für ihn erledigen, um Missverständnisse zu vermeiden.
- Bemühen Sie sich um eine besonders prägnante und präzise Wortwahl. Sprechen Sie im Notfall etwas redundanter, als Sie es sonst tun. Paraphrasieren und umschreiben Sie Sachverhalte also bei Bedarf mehrfach.

*Verbale Steuerungs-
techniken*

- Da Gestik und Mimik fehlen, kann es sein, dass Ihr Ge-sprächspartner Ihre Prioritäten oder Betonungen nicht richtig versteht. Deshalb sollten Sie vermehrt verbale Steu-erungstechniken einsetzen, die deutlich machen, welche Teile der Antwort Ihnen wichtig sind. Das sind z.B. ...
  - Zwischenfragen,
  - zustimmende Laute,
  - Sondierungs-, Erweiterungs- und Reflexionsfragen (vgl. Kap. 5.5.2).
- Mit Zusammenfassungen können Sie deutlich machen, was Sie verstanden haben oder bis wohin Sie den Ausführungen folgen konnten. Der Interviewte weiß damit auch, ab wel-chem Punkt er seine Ausführungen wiederholen muss.
- Vermeiden Sie Frageketten, da diese in der Telefonsituation besonders verwirrend wirken. Stellen Sie Ihre Fragen ein-zeln.
- Anders als in Gesprächen von Angesicht zu Angesicht ist es am Telefon oft sinnvoller, zunächst eine stark steuernde Frage zu stellen und an diese – falls nötig – eine offene Frage anzuschließen. Diese zweite Frage profitiert dann von der Steuerungswirkung der zuvor gestellten Frage. Stark steu-ernde Fragen sind geschlossene Fragen, Alternativfragen und Skalenfragen.
  Beispiel: Auf die Frage: „Wie schätzen Sie Ihre Teamfähig-keit auf einer Skala von 1 bis 10 ein?", antwortet der Inter-viewte: „Meine Teamfähigkeit ordne ich bei 8 ein." Falls er nicht schon von sich aus erklärt, warum er sich so ein-schätzt, oder falls Sie die Einschätzung präzisiert haben möchten, stellen Sie jetzt noch eine offene Frage, etwa: „Nennen Sie mir bitte einige Beispiele, die Ihre Einschät-zung belegen."

7 DAS INTERVIEW ALS ELEMENT IN MITARBEITERGESPRÄCHEN

7.1 Mitarbeitergespräche als Führungsaufgabe

Schon im ersten Kapitel haben wir uns damit auseinandergesetzt, was unter Führung zu verstehen ist und welche Führungsaufgaben Vorgesetzte in diesem Rahmen haben.

Kommunikation und Information sind zweifellos die wichtigsten: Nicht nur die Effekte gelungener und misslungener Kommunikation, sondern auch die ständige Gegenwart von Kommunikationsaufgaben im Führungsalltag belegen das nachdrücklich.

Wichtige Führungsaufgaben: Kommunikation und Information

Wahren (2002) bestätigt dies anhand einiger interessanter Resultate aus Zeitanalysen von Führungskräften. Folgende Erkenntnisse sind seiner Studie u.a. zu entnehmen:

- Führungskräfte verwenden 50 bis 90 Prozent ihrer Zeit auf verbale Kommunikation.
- Der Arbeitstag von Führungskräften setzt sich oft aus einer großen Zahl einzelner kurzer Gespräche (kleine Mitarbeitergespräche, vgl. Kap. 1.3) zusammen. Die großen und damit geplanten und vorbereiteten Mitarbeitergespräche machen nur einen kleinen Teil der Gesprächsaktivitäten aus.
- Jeweils 20 Prozent der Kommunikationszeit verwenden Führungskräfte auf Vorgesetzte und Kollegen, 60 Prozent der Zeit sind Mitarbeitern als Adressaten der Kommunikation vorbehalten.

Diese Ergebnisse legen nahe, dass Kommunikation eine ständige „Großaufgabe" im Tagesgeschäft von Führungskräften ist. Zugleich ist sie auch sehr fragmentiert, spontan und von aktuellen Ereignissen bestimmt.

Natürlich ist es wichtig, den Mitarbeitern für kurze Rückfragen zur Verfügung zu stehen oder bei Problemen schnell einzugreifen. Darüber darf das Instrument des großen Mitarbeitergesprächs aber nicht vernachlässigt werden. Es ist wichtig, sich in regelmäßigen Abständen zusammen mit seinem Mitarbeiter eine „Auszeit" zu nehmen, um die Ereignisse des zurückliegenden Zeitraums gemeinsam und in Ruhe unter einem bestimmten Aspekt (Kritik, Zielerreichung, Entwicklung oder Beurteilung) zu reflektieren. Dann können Arbeitsergebnisse

Die Bedeutung großer Mitarbeitergespräche

und die vielen kleinen Mitarbeitergespräche zusammengefasst und ausgewertet, Konsequenzen gezogen und Maßnahmen geplant werden, und schließlich kann ein Ausblick auf die
Zukunft gegeben werden.

*DAS ALLES SOLLTE UNGESTÖRT UND ABSEITS DES HEK-
TISCHEN TAGESGESCHÄFTS STATTFINDEN.*

Mitarbeitergespräche bilden einen Kernpunkt der Tätigkeit einer Führungskraft

Diese Mitarbeitergespräche bilden einen Kernpunkt der Tätigkeit einer Führungskraft. Mit ihnen lassen sich Fehler korrigieren, Weiterentwicklungen anstoßen, Informationen austauschen, Mitarbeiter motivieren und gute soziale Kontakte
pflegen. So systematisch und effektiv wie in großen Mitarbeitergesprächen lassen sich diese Aufgaben im Tagesgeschäft
nicht erledigen.

In Kapitel 1 sind wir schon auf Mitarbeitergespräche, speziell auf ihren Ablauf, eingegangen. Im Folgenden greifen wir
einige dieser Grundregeln im Zusammenhang mit den wichtigsten Formen des Mitarbeitergesprächs noch einmal auf und
erweitern sie unter diesen Aspekten.

7.2 Grundlegende Gesprächsregeln für Mitarbeitergespräche

Als Vorgesetzter sollten Sie für Mitarbeitergespräche und auch
sonst immer zwei ganz grundsätzliche Zielkategorien im Auge

Soziale und ökonomische Ziele

behalten: soziale und ökonomische Ziele. Einerseits streben
Sie eine möglichst effektive Aufgabenausführung und Zielerreichung an; andererseits ist das Mitarbeitergespräch ein
wichtiger Motivationsfaktor, der eine hohe Arbeitszufriedenheit des Mitarbeiters unterstützt.

*DAHER SOLLTEN SIE SICH GLEICHERMASSEN AN DER AUFGA-
BE WIE AM MITARBEITER ORIENTIEREN (VGL. SAUL, 1999).*

Zwischen diesen beiden Gesprächszielen bestehen viele
wechselseitige Abhängigkeiten:

- So kann eine hohe Motivation des Mitarbeiters die Aufgabenausführung verbessern.
- Umgekehrt kann die Notwendigkeit eines verstärkten Ein-
  satzes (Überstunden) die Motivation mindern.

Dieser potenzielle Konflikt kann nicht auf einer inhaltlichen Ebene aufgelöst werden. Entschärfen können Sie ihn allerdings, indem Sie gleichrangig darauf achten, *was* Sie sagen und *wie* Sie es sagen.

DURCH FREUNDLICHKEIT, EINE BEGRÜNDUNG UND NATÜRLICH EINEN DANK WIRD IHR MITARBEITER EHER ZU EINER UNGEWÖHNLICHEN ANSTRENGUNG BEREIT SEIN ALS AUFGRUND EINES BLOSSEN BEFEHLS.

Wie in jeder Kommunikationssituation gilt es also nicht nur die Sach-, sondern auch die Beziehungsebene zu beachten.

Auf die Beziehungsebene achten

In Anlehnung an die themenzentrierte Interaktion (kurz TZI, vgl. Cohn, 2004) kann man die Konstellation in einem Mitarbeitergespräch wie folgt darstellen:

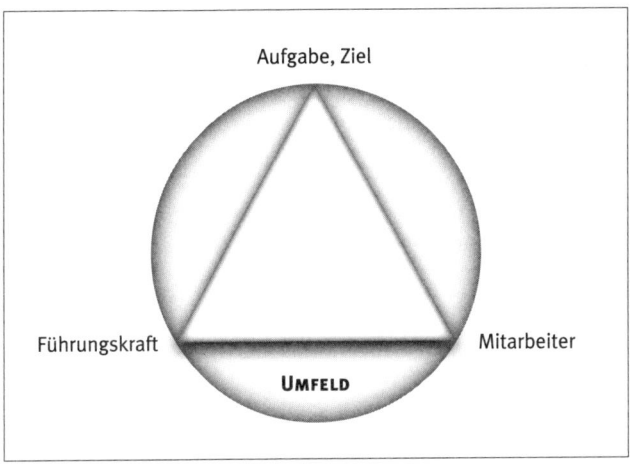

Abb. 9: Konstellation im Mitarbeitergespräch

Kommunikation spielt sich stets auf allen Ebenen dieses Modells ab:
- Auf den Ebenen von Führungskraft und Mitarbeiter haben beide Beteiligten ihre eigene Persönlichkeit sowie Stimmungen und Erfahrungen, die mit in das Gespräch hineingetragen werden. Auch Sympathie und eventuelle Konflikte und Spannungen gehören zu diesen Ebenen.

- Des Weiteren findet natürlich auf der Aufgaben- oder Ziel-ebene Kommunikation statt.
- Und auch auf der Umfeldebene spielt sich Kommunikation ab. Sie ist beeinflusst von unternehmenspolitischen Aspekten bzw. der Organisation.

Um ein optimales Ergebnis zu erzielen und das zwischenmenschliche Verhältnis angemessen zu gestalten, ist es wichtig, im Gespräch alle vier Ebenen zu berücksichtigen.

Der Kommunikations-schwerpunkt ist abhängig vom Gesprächstyp

Wo der Kommunikationsschwerpunkt liegt, ist abhängig vom Gesprächsanlass. So ist sehr oft die Aufgabe oder das Ziel das wichtigste Element des Gesprächs, etwa in einem Zielvereinbarungsgespräch. In Beurteilungsgesprächen wiederum steht der Mitarbeiter stärker im Mittelpunkt, und wenn es um das Verhältnis zwischen Führungskraft und Mitarbeiter geht, rückt der Vorgesetzte stärker in den Vordergrund.

MAN MUSS ALSO SCHON IN DER VORBEREITUNG, ABER AUCH WÄHREND DES GESPRÄCHS, GENAU AUF DIESE WESENTLICHEN ELEMENTE ACHTEN, UM SIE DYNAMISCH AUSZUBALANCIEREN UND SICH SITUATIONSGERECHT ZU VERHALTEN.

Einflussfaktoren aus dem Umfeld

Wesentlich dabei sind die Einflussfaktoren (Crisand, 2000) aus dem Umfeld, die es bei dem angesprochenen „Balanceakt" zu berücksichtigen gilt (vgl. Abb. 10).

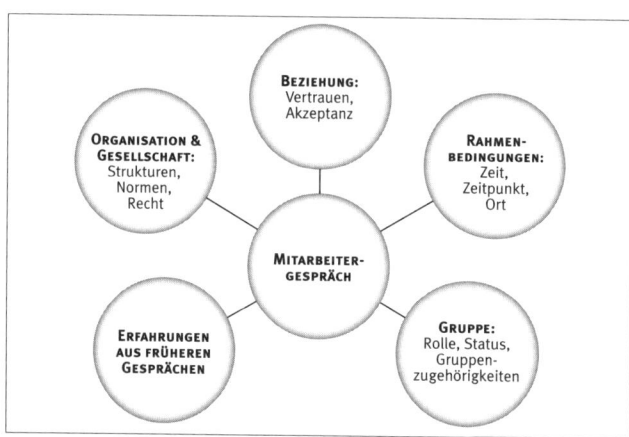

Abb. 10: Einflussfaktoren aus dem Umfeld

Wie wir bereits festgestellt haben, ist es im Hinblick auf die Beziehung zum Mitarbeiter und im Hinblick auf dessen Motivation wichtig, sich auch mit dessen Zielen, Bedürfnissen und letztlich auch mit seinen Erwartungen an das Mitarbeitergespräch auseinanderzusetzen. Solche Erwartungen können ganz allgemeiner Art sein und das Selbstwertgefühl des Mitarbeiters betreffen:

Ziele, Bedürfnisse und Erwartungen des Mitarbeiters bzgl. des Personalgesprächs

- Der Mitarbeiter erwartet in dieser Hinsicht z.B. Höflichkeit, Freundlichkeit, Akzeptanz, Offenheit, Takt, Fairness und Anerkennung.
- In Bezug auf seine Arbeitsleistungen erwartet er wahrscheinlich Anerkennung, Feedback, Hilfestellung, Ratschläge, klare Strukturen bzw. Anweisungen etc.
- Dazu können natürlich noch ganz individuelle Erwartungen kommen, die sich auf Arbeitszeit, Lohn bzw. Gehalt, Aufstieg u.Ä. beziehen.

ANALYSIEREN SIE DIE MITARBEITERERWARTUNGEN VOR DEM GESPRÄCH!

Zusätzlich zu den bereits erwähnten Gesprächsregeln (vgl. Kap. 2.3) seien an dieser Stelle noch einige Kommunikationstechniken genannt, die in Mitarbeitergesprächen sehr nützlich sind:

Nützliche Kommunikationstechniken für das Personalgespräch

- kongruentes und authentisches Auftreten,
- aktives Zuhören,
- Verwendung von Ich-Botschaften,
- einfache, prägnante, kurze und anregende, also verständliche, Formulierungen,
- Beachtung der „vier Ohren" (Kommunikationsquadrat, vgl. Kap. 2.1.2),
- Arbeiten mit Zusammenfassungen,
- Arbeiten mit Paraphrasierungen.

Auf der Basis dieser Grundgedanken, Kommunikationsregeln und -techniken kann das Mitarbeitergespräch dann ausgearbeitet werden. Dazu bietet sich ein einfaches und weitgehend allgemein gültiges Phasenschema (Crisand & Pitzek, 1993) an, das auf jedes der in den folgenden Abschnitten dargestellten Mitarbeitergespräche angewendet werden kann. Es besteht aus folgenden Schritten:

Phasenschema für Personalgespräche

1. Gesprächsziele festlegen und definieren
Dazu bietet sich eine „smarte" Zieldefinition an (vgl. Kießling-Sonntag, 2006):
 - Spezifisch (Das Gesprächsziel sollte exakt und verständlich beschrieben werden.)
 - Messbar (Kriterien, an denen der Gesprächserfolg gemessen werden kann, sind festzulegen.)
 - Aktiv beeinflussbar (Es sollte ein Ziel formuliert werden, das der Mitarbeiter aktiv beeinflussen kann.)
 - Relevant (Das formulierte Ziel sollte auf die Unternehmensziele bezogen sein; es sollte eine Herausforderung sein, aber gleichzeitig realistisch.)
 - Terminiert (Ein Termin, an dem das Ziel erreicht sein soll, ist festzulegen.)
2. Organisatorische und psychologisch-taktische Vorbereitung des Gesprächs
3. Gesprächsdurchführung (siehe dazu auch die Schemata in Kap. 7.4)
4. Auswertung des Gesprächs nach inhaltlich-sachlichen und nach persönlichen und psychologischen Kriterien

7.3 Gesprächssteuerung

Mitarbeitergespräche müssen gesteuert werden. Solange der Mitarbeiter motiviert ist und sich beteiligt und solange das Gespräch zielorientiert und ökonomisch abläuft, können Sie Ihre lenkenden Eingriffe zurücknehmen und sich ausschließlich auf der inhaltlichen Ebene am Gespräch beteiligen.

Nur Unaufmerksamkeit, Weitschweifigkeit oder Passivität des Mitarbeiters erfordern aktive Gesprächssteuernde Eingriffe Ihrerseits.

Die Art der Steuerung hängt vom Verhalten des Gesprächspartners ab

Dabei kann es sein, dass das Gespräch auf der inhaltlichen oder der Verhaltensebene gesteuert werden muss. Je nach Verhalten des Mitarbeiters sollten Sie das Gespräch mit den in der folgenden Übersicht dargestellten Methoden steuern.
Wichtig ist es in jedem Fall, mit gutem Beispiel voranzugehen. Wenn die vorgeschlagenen Methoden nicht helfen, müssen direktere Steuerungsmittel ergriffen werden. Machen Sie dann das Gespräch selbst, seinen Verlauf oder den Umgang

miteinander zum Thema, um das vorhandene Gesprächs-
problem zu klären.

Methoden zur Gesprächssteuerung   **PRAXIS**

Problemfall 1: Weitschweifigkeit und mangelnde Zielorientierung

- Bitten Sie um Präzisierung.
- Stellen Sie geschlossene Fragen.
- Setzen Sie steuernde Fragen ein und vermeiden Sie explorative Fragen.
- Sorgen Sie für eine klare Strukturierung des Gesprächs.
- Formulieren Sie Ziele oder Interessen deutlich.
- Fassen Sie den Stand von Gespräch oder Zielerreichung immer wieder zusammen.

Problemfall 2: Passivität

- Stellen Sie offene, explorative (vor allem motivierende) Fragen und vermeiden Sie geschlossene Fragen.
- Legen Sie bewusst Sprechpausen ein und halten Sie sie aus.
- Verbinden Sie Blickkontakt mit zugewandter, offener Körperhaltung.
- Loben Sie Gesprächsaktivitäten des Mitarbeiters.
- Zeigen Sie Wertschätzung.
- Äußern Sie Kritik nur zurückhaltend, sehr sachlich und konstruktiv und verwenden Sie dabei Ich-Botschaften.
- Greifen Sie Aussagen des Mitarbeiters auf.
- Heben Sie Gemeinsamkeiten stärker als Widersprüche hervor.
- Sprechen Sie Ihren Gesprächspartner persönlich an.

Problemfall 3: Unaufmerksamkeit

- Stellen Sie Ihrer Äußerung eine Information auf der Metaebene voran, mit der Sie ausdrücken, was Sie denken, fühlen oder tun wollen: „Ich werde mich kurz fassen." oder „Ich kann mir vorstellen, dass Ihnen diese Frage sehr unangenehm ist."
- Stellen Sie Fragen, aber vermeiden Sie auf jeden Fall manipulative Fragen.
- Sprechen Sie Ihren Gesprächspartner persönlich an.
- Machen Sie Aussagen zu Bedeutung, Dringlichkeit oder der gebotenen Eile.
- Setzen Sie „Attention Steps" ein, also aktuelle oder persönliche Bezüge, Humor, Visualisierungen, praktische Beispiele oder sogar eine kleine Provokation.
- Modulieren Sie Ihre Stimme ganz bewusst.

7.4 Varianten des Mitarbeitergesprächs

Jedes Mitarbeitergespräch sollte individuell und situativ vorbereitet werden, denn aufgrund der Einzigartigkeit der Einflussfaktoren aus dem Umfeld, des thematischen Schwerpunkts, der Gesprächsziele und nicht zuletzt aufgrund der Besonderheiten der jeweiligen Gesprächspartner ist kein Mitarbeitergespräch wie das andere.

Kein Mitarbeitergespräch ist wie das andere

Der Übersichtlichkeit halber ist es dennoch zweckdienlich, Mitarbeitergespräche in eine überschaubare Anzahl von Kategorien einzuteilen, denen dann individuelle Gesprächsregeln zugeordnet werden können. Im Folgenden werden daher einige der wichtigsten inhaltlich unterscheidbaren Gesprächstypen ausführlicher dargestellt.

7.4.1 Feedback- und Kritikgespräch

Als Feedback bezeichnet man eine Rückmeldung, z.B. über das Verhalten oder die Leistung eines Mitarbeiters. Feedback soll dabei helfen, gute Leistungen zu verstärken und mangelhafte Leistungen zu verbessern.

Vermittlung von negativem Feedback

Vor allem die Vermittlung von negativem Feedback in Form von Kritik fällt vielen Führungskräften schwer. Wahrscheinlich liegt das zu einem guten Teil daran, dass Kritik als Gesprächsanlass per se unangenehm ist und dass falsch geäußerte Kritik einen Konflikt provozieren kann. Für eine Führungskraft ist es erheblich schwerer, Kritik zu äußern, wenn sie ansonsten nach dem Motto verfährt: „Nicht getadelt ist genug gelobt." Denn natürlich reagiert ein Mitarbeiter wesentlich sensibler, wenn er nie gelobt, sondern nur kritisiert wird, und das vielleicht nicht einmal konstruktiv, sondern tadelnd.

Loben

Oft scheint es so, als sei es leichter zu loben, als zu kritisieren. Das ist es wahrscheinlich auch, aber dennoch wird viel zu wenig gelobt. Und auch beim Loben kann man viele Fehler machen. Grundsätzlich gelten beim positiven Feedback die gleichen Regeln wie bei Kritik:

ACHTEN SIE AUF DIE ANGEMESSENE RÄUMLICHE UND ZEITLICHE SITUATION UND GEBEN SIE FEEDBACK STETS UNTER VIER AUGEN.

Ein Lob vor dem Team ist den meisten Mitarbeitern unangenehm. Stellen Sie zudem keine Vergleiche mit Kollegen (nach dem Motto „Von dem kannst du dir eine Scheibe abschneiden") an.

Für Feedback gilt ganz generell: Schaffen Sie keinen Rechtfertigungsdruck – z.B. durch zu offensive Formulierungen oder dadurch, dass Sie persönlich werden. Unter diesen Umständen wird das Feedbackgespräch mit großer Wahrscheinlichkeit eher auf eine Verteidigung von Standpunkten („Ich habe recht, weil ..." oder „Nein, ich habe keinen Fehler gemacht.") hinauslaufen, als dass offen über eine Lösung gesprochen wird. Nörgeln Sie nicht, sondern belassen Sie es bei einem klaren Wort, und lassen Sie vergangene Ereignisse, die schon kritisiert wurden, ruhen.

Rechtfertigungsdruck vermeiden

Denken Sie daran, Feedback klar und deutlich zu formulieren. Versuchen Sie, auch für kritisches Feedback positive Formulierungen zu verwenden.

Wichtig für positives Feedback ist, dass nicht nur eine Spitzenleistung, sondern insbesondere auch regelmässige und konstant gute Leistungen gelobt werden.

Übertreiben Sie nicht, sonst wirkt das Lob aufgesetzt und damit unglaubwürdig. Und schließlich sollten Sie ein Lob nicht strategisch einsetzen, um den Mitarbeiter zu einem unangenehmen Auftrag zu motivieren.

Lob sollte nicht strategisch eingesetzt werden

Ablauf eines Feedback- oder Kritikgesprächs

Ein Feedbackgespräch muss sorgfältig vorbereitet werden. Überlegen Sie zu diesem Zweck genau, welche Gesprächsziele Sie verfolgen, und ob die Kritik, die Sie äußern möchten, wirklich berechtigt ist.

Da Menschen sehr unterschiedlich mit Kritik umgehen, sollten Sie sich im Vorfeld auch in dieser Hinsicht über Ihren Gesprächspartner Gedanken machen und sich sorgfältig die richtigen Worte zurechtlegen.

Jemanden zu kritisieren ist schwierig. Stehen Sie zu Ihrer Kritik.

Die Übersicht auf der folgenden Seite zeigt den Gesprächsablauf, der sich für Kritik und Feedback bewährt hat.

Grundmodell für Feedback- und Kritikgespräche　　　　**PRAXIS**

1. Begrüßung und Gesprächseröffnung

Fallen Sie vor allem bei Kritik nicht mit der Tür ins Haus, spannen Sie Ihren Mitarbeiter aber auch nicht auf die Folter. Nennen Sie den Gesprächsanlass und greifen Sie mögliche Befürchtungen Ihres Gesprächspartners auf.

2. Beschreibung des Sachverhaltes

Beschreiben Sie, was aus Ihrer Sicht und nach Ihrem Kenntnisstand vorgefallen ist. Bewerten Sie das noch nicht. Bleiben Sie ruhig und sachlich. Kennzeichnen Sie Vermutungen oder Ihre eigene Meinung sprachlich als subjektiv.

Achten Sie darauf, dass Ihr Gesprächspartner das Feedback richtig annimmt. Er soll ...

- ... überprüfen, ob er alles richtig verstanden hat, ehe er antwortet.
- ... sich nicht verteidigen.
- ... möglichst froh über die Rückmeldung sein.
- ... rückmelden, wie das Feedback auf ihn gewirkt hat.

Ob das funktioniert, hängt stark von Ihrem Auftreten und Ihren Formulierungen ab.

3. Stellungnahme des Mitarbeiters

Er meldet zurück, wie der Sachverhalt sich aus seiner Sicht darstellt und wie das Feedback auf ihn gewirkt hat. Stellen Sie Fragen, um mehr Transparenz zu gewinnen.

4. Ursachenanalyse

Wenn der Sachverhalt eindeutig geklärt ist, können die Ursachen der Mängel analysiert werden. Wichtig ist dabei, die Vorgaben eindeutig zu formulieren, den Bewertungsmaßstab und die Auswirkungen der kritisierten Leistung klar darzustellen. Streben Sie Übereinstimmung an und geben Sie eigene Versäumnisse zu. Auch in dieser Phase können Fragen zu mehr Transparenz beitragen.

5. Kritik

Sprechen Sie Kritik eindeutig aus und nennen Sie Konsequenzen für den Mitarbeiter.

6. Maßnahmenplanung

Entwickeln Sie gemeinsam Verbesserungsmöglichkeiten. Binden Sie den Mitarbeiter ein, indem Sie ihn fragen, was er zukünftig tun kann. Fixieren Sie eine konkrete Vereinbarung schriftlich und kündigen Sie Kontrollen an, die Sie in der Nachbereitungsphase auch durchführen. Achten Sie dabei darauf, keinen Zweifel an Ihrem Zutrauen zu dem Mitarbeiter zu äußern.

7. Gesprächsabschluss

Fassen Sie die Ergebnisse des Gesprächs zusammen, bedanken Sie sich für das Gespräch und sprechen Sie dem Mitarbeiter Ihr Vertrauen aus.

7.4.2 Beurteilungsgespräch

Ein Beurteilungsgespräch erfolgt meist nach einer schriftlichen Beurteilung des Mitarbeiters durch den Vorgesetzten. Es hat folgende Aufgaben:

- Information über das Beurteilungsergebnis,
- Erläuterung der Schwachpunkte des Beurteilten,
- Anbieten von Möglichkeiten zur Beseitigung der Schwachpunkte und
- Motivation zur Leistungsverbesserung (gerade im Falle von Schwächen, aber auch bei guten Leistungen).

Kritik und Lob als sachbezogene Auseinandersetzung des Vorgesetzten mit den Leistungen des Mitarbeiters spielen dabei eine große Rolle. Dementsprechend hat das Beurteilungsgespräch große Ähnlichkeit mit dem Feedbackgespräch (vgl. Kap. 7.4.1). Greifen Sie auf die dort dargestellten Hinweise zurück.

Der Unterschied zwischen einem Feedback- und einem Beurteilungsgespräch besteht vor allem darin, dass ein Feedbackgespräch aufgrund eines konkreten Anlasses und unmittelbar nach diesem stattfindet. Ein Beurteilungsgespräch wird hingegen in der Regel einmal jährlich geführt, um anhand vorgegebener Kriterien die Leistung und das Verhalten eines Mitarbeiters insgesamt zu bewerten und zu besprechen.

Beurteilungsgespräche werden i.d.R. einmal pro Jahr geführt

Der Mitarbeiter erhält durch das Beurteilungsgespräch die Möglichkeit, das Beurteilungsverfahren kennen zu lernen und einzuschätzen und gegen die Beurteilung insgesamt oder gegen Teile davon Widerspruch einzulegen. Nicht zuletzt erfährt der Mitarbeiter durch ein Beurteilungsgespräch natürlich auch, wo er steht und wie sein Vorgesetzter seine Leistung einschätzt.

Die Tatsache, dass die Beurteilung kontrollierbar wird und begründet werden muss, sollte Sie als Vorgesetzten dazu motivieren, die Beurteilung korrekt durchzuführen und somit Beurteilungsfehler zu reduzieren.

ABLAUF EINES BEURTEILUNGSGESPRÄCHS

Beurteilungsgespräche haben eine wesentliche Bedeutung für die Mitarbeitermotivation und das Betriebsklima. Deswegen sollten sie mit großem Verantwortungsbewusstsein durchgeführt werden. Folgender Ablauf hat sich bewährt:

Mitarbeitermotivation und Betriebsklima

Grundmodell für Beurteilungsgespräche

1. Begrüßung und Gesprächseröffnung

Begrüßen Sie den Mitarbeiter und erläutern Sie ihm den Gesprächsanlass/Beurteilungsgrund, den Gesprächsaufbau und den Zeithorizont. Machen Sie zur Einleitung ein paar positive Bemerkungen (z.B. Dank, Fortschritte).

2. Erläuterung der Beurteilung durch den Vorgesetzten

Beschreiben Sie die Vorkommnisse bzw. das Verhalten des Mitarbeiters.

- Positive Beurteilungen: Lob, Anregungen, Erfolge ansprechen, Förderungsmöglichkeiten, erzielte Verbesserungen hervorheben.
- Negative Beurteilungen: keine Vergleiche ziehen, ausführliche Begründung, konstruktive Kritik (Feedbackregeln, Kap. 2.3.2), positive Ansätze aufzeigen, Förderungsmöglichkeiten und Hilfe anbieten.

3. Stellungnahme des Mitarbeiters

Lassen Sie zu jedem Beurteilungskriterium Einwände zu. Fixieren Sie sie schriftlich.

(Anmerkung: Die Phasen 2 und 3 können überlappen, wenn der Mitarbeiter nach jedem Kriterium Stellung nimmt. Dann sollte nach jedem Kriterium die Akzeptanz geprüft und ein Zwischenfazit gezogen werden.)

4. Übereinstimmung erzielen

Wenn keine Übereinstimmung erzielt werden kann, wird das auf dem Bewertungsbogen festgehalten. Bei Unsicherheit sollten Sie erneut überprüfen, ob nicht doch eine Einigung erzielt werden kann.

5. Maßnahmenplanung

Erläutern Sie die Konsequenzen der Beurteilung bzw. besprechen Sie sie gemeinsam. Infrage kommen z.B. Weiterbildung, Versetzung, Entgeltbemessung, Zielvereinbarungen oder disziplinarische Maßnahmen.

6. Gesprächsabschluss

Der Beurteilungsbogen wird von beiden Seiten unterschrieben. Ziehen Sie ein Gesamtfazit und bestätigen Sie, dass Sie die Einwände des Mitarbeiters zur Kenntnis genommen haben und ernsthaft prüfen werden. Sagen Sie ein paar aufmunternde Schlussworte und sprechen Sie dem Mitarbeiter Ihr Vertrauen aus.

Fragetechniken können in verschiedenen Phasen des Beurteilungsgesprächs sehr effizient eingesetzt werden. Vor allem die Warum-Frage, die den Mitarbeiter dazu zwingt, seinen Standpunkt zu begründen, sollte wohl dosiert zum Einsatz kommen. Stellen Sie jedoch keine manipulativen Fragen.

7.4.3 Zielvereinbarungsgespräch

Zielvereinbarungsgespräche finden regelmäßig, oft jährlich oder halbjährlich, zwischen Führungskraft und Mitarbeiter statt, um die Leistungen und Erfolge, die der Mitarbeiter in der zurückliegenden Periode erbracht bzw. erzielt hat, mit den Zielvorgaben zu vergleichen und um neue Ziele festzulegen.

Die Zielvereinbarungen schaffen Transparenz darüber, was eigentlich vom Mitarbeiter erwartet wird. Diese Klarheit gibt Sicherheit.

Zielvereinbarungen schaffen Transparenz darüber, was vom Mitarbeiter erwartet wird

AUSSERDEM HABEN ZIELE EINE MOTIVIERENDE FUNKTION: IHRE ERREICHUNG IST ÜBERPRÜFBAR UND SIE KÖNNEN LEICHT MIT EINEM PRÄMIENSYSTEM KOMBINIERT WERDEN.

Vorgesetzter und Mitarbeiter sollten ausreichend Zeit für das Gespräch reservieren, in dem sie besprechen, wie der Mitarbeiter in der nächsten Periode seine Leistung verbessern, seine Techniken, sein Wissen und Können entwickeln und Arbeitsabläufe ändern kann.

Thematisiert werden kann auch, wie die Führungskraft den Mitarbeiter dabei unterstützen kann, innerhalb der nächsten Periode die gesetzten Ziele zu erreichen.

In dieser Sitzung hat der Mitarbeiter Gelegenheit, alle Probleme und Sorgen mit dem Vorgesetzten zu besprechen, die seine Arbeitsleistung, seine Arbeitszufriedenheit oder seine Zukunft bei dem Unternehmen betreffen.

Statt sich mit der Vergangenheit zu beschäftigen, verlangt diese Gesprächsform von beiden Partnern, sich auf die Leistung in der Zukunft zu konzentrieren. Der Mitarbeiter sollte dazu ermutigt werden, Vorschläge zu machen, wie der Vorgesetzte ihm dabei helfen kann, seine Leistungen zu verbessern und seine Ziele zu erreichen. Der Vorgesetzte wird dadurch zunehmend zum Coach.

Konzentration auf die Leistungen in der Zukunft

Im Gespräch muss der Vorgesetzte dafür Sorge tragen, dass die Ziele des Unternehmens, die arbeitsplatzbezogenen Ziele des Mitarbeiters und dessen persönliche Ziele (z.B. Entwicklungs- oder Karriereziele) im Zielvereinbarungsprozess berücksichtigt werden. Er muss besonders darauf achten, dass die Zielsetzungen und Verbesserungspläne des Mitarbeiters geeignet sind, die Vorhaben des Vorgesetzten bzw. des Unternehmens zu realisieren.

VORBEREITUNG DES ZIELVEREINBARUNGSGESPRÄCHS

Gesprächstermin frühzeitig festlegen

Sie sollten den Gesprächstermin möglichst frühzeitig festsetzen, damit sich auch der Mitarbeiter gut auf das Gespräch vorbereiten kann. Denn andernfalls wird aus einer kooperativen Zielvereinbarung schnell eine direktive Zielvorgabe – und mit vorgegebenen Zielen kann sich Ihr Mitarbeiter viel weniger identifizieren, weshalb er sie weniger motiviert verfolgen wird.

Dass das nicht effektiv sein kann, liegt auf der Hand, zumal Ihnen darüber hinaus in einem Gespräch mit einem unmotivierten und unvorbereiteten Mitarbeiter viele wichtige Informationen verborgen bleiben würden, z.B. zu betrieblichen Abläufen oder Risiken.

ES ERGIBT KEINEN SINN, ZIELE ZU VEREINBAREN, VON DENEN SCHON IM VORFELD KLAR IST, DASS SIE NICHT ERREICHT WERDEN KÖNNEN.

Auch der Mitarbeiter sollte sich auf das Gespräch vorbereiten

Bei der Terminvereinbarung sollten Sie den Mitarbeiter also dazu auffordern, sich auf das Gespräch vorzubereiten, indem er sich seine persönlichen und seine arbeitsbezogenen Ziele klarmacht.

Beispielfragen:
* „Was möchten Sie im kommenden Jahr erreichen?"
* „In welchem Ihrer Aufgabenbereiche halten Sie eine Verbesserung für notwendig?"
* „Welche Ziele haben Sie sich gesetzt, um bessere Arbeit zu leisten?"
* „Mit welchen Maßnahmen wollen Sie in diesem Jahr Ihre Leistung / die Leistung Ihrer Arbeitsgruppe verbessern?"

ABLAUF EINES ZIELVEREINBARUNGSGESPRÄCHS

Da der Mitarbeiter im Laufe des Gesprächs mit Fehlern oder Defiziten konfrontiert werden kann und er sich gleichzeitig zu anspruchsvollen neuen Zielen bekennen soll, ist es wichtig,

Wichtig: Vertrauensverhältnis

dass ein ausgesprochenes Vertrauensverhältnis zwischen Führungskraft und Mitarbeiter besteht. In einem von Misstrauen geprägten Gesprächsklima würde der Mitarbeiter wahrscheinlich eher abwarten und mauern.

Folgender Gesprächsablauf ist zu empfehlen:

Grundmodell für Zielvereinbarungsgespräche

PRAXIS

1. Begrüßung und Gesprächseröffnung

Klären Sie den Anlass des Gesprächs und sprechen Sie über Grundsätzliches zum Führen mit Zielen sowie über bisherige Erfahrungen mit Zielvereinbarungen.

2. Zielerreichung

In dieser Phase bewertet der Mitarbeiter den Zielerreichungsgrad aus seiner Sicht:
- Wie ist der Zielerreichungsgrad gemessen an den vereinbarten Kriterien?
- Wo gibt es Zielabweichungen? Worauf sind sie zurückzuführen?

Weicht Ihre Einschätzung von der Ihres Mitarbeiters ab, bewerten Sie nun den Zielerreichungsgrad aus Ihrer Sicht. Nach Möglichkeit sollten beide am Ende zu einer einheitlichen Einschätzung des Zielerreichungsgrades kommen, sodass dieser endgültig quantitativ festgelegt werden kann. Fällt eine Einigung schwer, sollten Sie die Gründe für die unterschiedlichen Bewertungen erkunden.

3. Analyse der Zielabweichungen

Beantworten Sie gemeinsam die Fragen:
- Handelt es sich um eine Über- oder eine Unterschreitung?
- Wie ist die Abweichung zu bewerten?
- Was hat die Zielumsetzung gefördert oder behindert?
- Wie waren die Rahmenbedingungen?
- Inwiefern ist der Mitarbeiter für die Abweichung verantwortlich?
- Welche Unterstützungsmaßnahmen wären notwendig gewesen?
- Welche Konsequenzen ergeben sich für die neue Zielvereinbarung?

EINE ÜBERSCHREITUNG MUSS NICHT ZWANGSLÄUFIG GUT, EINE UNTERSCHREITUNG NICHT UNBEDINGT SCHLECHT SEIN.

4. Zielsammlung

Ermitteln Sie Zielvorschläge Ihres Gesprächspartners, indem Sie ihn fragen:
- „Welche Zielvorschläge haben Sie?"
- „Welche Beweggründe haben Sie für diese Zielvorschläge?"
- „Welche Vorteile/Chancen und Risiken sehen Sie?"
- „Welche Veränderungen werden dadurch eingeleitet?"

Machen Sie Ihre eigenen Zielvorstellungen deutlich und erklären Sie sie anhand der Bereichsziele aus dem übergeordneten Zielsystem. Brechen Sie diese auf den Aufgabenbereich des Mitarbeiters herunter.

5. Zielverhandlung

Versuchen Sie, eine gemeinsame Basis zu schaffen, und bemühen Sie sich um einen ehrlichen Ausgleich der abweichenden Vorstellungen. Sie hätten Ihren Mitarbeiter nicht nach seinen Vorstellungen fragen müssen, wenn diese jetzt nichts zählen. Wenn keine unmittelbare Einigung möglich ist, können Sie folgende Fragen stellen:

- „Angenommen, wir vereinbaren das Ziel, welche Konsequenzen hätte das?"
- „Unter welchen Bedingungen könnte sich jeder auf das Ziel einlassen?"
- „Was können wir stattdessen vereinbaren?"

6. Zieldefinition

Die Ziele sollten jetzt „smart" (vgl. Kap. 7.2) definiert, priorisiert und schriftlich fest-gehalten werden.

7. Nebenvereinbarungen

Eventuell sind zusätzliche Vereinbarungen notwendig, damit ein Mitarbeiter die de-finierten Ziele erreichen kann. Beispielsweise können zusätzliche Unterstützung, Ressourcen, organisatorische Veränderungen oder Weiterbildung notwendig sein.

In dieser Phase sollten – vor allem bei einem langen Zielhorizont – Zwischenge-spräche vereinbart werden, um unangenehme Überraschungen in Bezug auf die Zielerreichung zu vermeiden.

8. Gesprächsabschluss

Beide Seiten unterschreiben das Gesprächsprotokoll und legen sich so auf die verein-barten Ziele fest.

7.4.4 Entwicklungs- und Laufbahngespräch

Die Entwicklung eines Unternehmens wird vor allem von den Kompetenzen und Potenzialen der Mitarbeiter bestimmt. Um mit der hohen Umweltdynamik Schritt halten zu können, müs-sen Unternehmen nicht nur über qualifizierte, sondern auch über veränderungs- und lernbereite Mitarbeiter verfügen. Den Führungskräften kommt hier die bedeutende und verantwor-tungsvolle Aufgabe zu, die individuellen Kompetenzen und Potenziale ihrer Mitarbeiter zu erkennen und zu fördern.

Veränderungs- und lernbereite Mitarbeiter sind wichtig für den Unternehmenserfolg

Das Laufbahn- und Entwicklungsgespräch ist das wesent-liche Führungsinstrument für alle Phasen der Mitarbeiterent-wicklung. Für eine kontinuierliche Entwicklung der Mitarbeiter und damit des Unternehmens bedarf es einer regelmäßigen und langfristigen Anwendung dieses Führungsinstruments.

Mitarbeiterentwicklung

Der Begriff Mitarbeiterentwicklung zielt in diesem Sinne erst einmal nicht auf möglichst schnellen Aufstieg, Karriere oder höheres Einkommen ab, sondern dient der persönlichen Weiterentwicklung der Mitarbeiter, damit diese ihre arbeitsbe-zogenen Potenziale besser ausschöpfen können.

Die wesentlichen Ziele eines Laufbahn- und Entwicklungsgesprächs sind:

- Klärung der Erwartungen des Mitarbeiters und des unternehmensseitigen Bedarfs,
- Analyse der Kompetenzen und Potenziale des Mitarbeiters,
- Erstellung eines individuellen Entwicklungsplans mit Entwicklungs-, evtl. sogar Laufbahnzielen und Entwicklungsmaßnahmen,
- Abgleich des Selbstbildes des Mitarbeiters mit dem Fremdbild des Vorgesetzten,
- Verbesserung der Motivation und Eigeninitiative des Mitarbeiters und der vertrauensvollen Zusammenarbeit mit dem Vorgesetzten.

Wesentliche Ziele eines Laufbahn- und Entwicklungsgesprächs

In regelmäßigem Turnus (halbjährlich oder jährlich) sollten diese Punkte, insbesondere die Fortschritte im Entwicklungsplan, mit dem Mitarbeiter besprochen werden.

Das Entwicklungs- und Laufbahngespräch sollte eng in die Individualplanung eingebunden sein.

Ablauf eines Entwicklungs- und Laufbahngesprächs

Grundsätzlich ist das Entwicklungs- und Laufbahngespräch ein biografisches, am Lebenslauf orientiertes Interview (Sarges, 2000). Durch die Orientierung am Lebenslauf können sehr praxisnah bisherige Handlungen und Handlungsmuster herausgearbeitet werden, die einen Rückschluss auf zukünftiges Verhalten zulassen.

Orientierung am Lebenslauf des Mitarbeiters

Zudem können Hinweise gewonnen werden, in welchen Bereichen speziellere diagnostische Verfahren eingesetzt werden sollten.

Ein Entwicklungs- und Laufbahngespräch kann als strukturiertes Interview anhand eines Interviewleitfadens durchgeführt werden. Die Beispielfragen können dem Mitarbeiter auch sehr gut als Checkliste zur Vorbereitung auf das Gespräch ausgehändigt werden.

Interviewleitfaden

Wie der Ablauf eines solchen Entwicklungs- und Laufbahngesprächs aussehen sollte, zeigt die Übersicht auf der folgenden Seite.

Grundmodell für Entwicklungs- und Laufbahngespräche	PRAXIS

1. Begrüßung und Gesprächseröffnung

Klären Sie den Anlass des Gesprächs, erörtern Sie die Bedeutung des persönlichen Entwicklungsplans und die Ziele des Gesprächs.

2. Anforderungsprofil: Was muss der Mitarbeiter können?

Die Anforderungen, denen der Mitarbeiter aktuell genügen muss, werden gemeinsam erarbeitet. Dazu können auch betriebliche Dokumente wie Stellenbeschreibungen, Arbeitsanalysen oder Planungs- und Strategiedokumente herangezogen werden, die Rückschlüsse auf zukünftige Anforderungen erlauben. Wenn Weiterentwicklungen auf andere Arbeitsplätze und -felder angestrebt werden, sollten auch dazu die entsprechenden Dokumente verfügbar sein.

Beispielfragen:

* „Was sind die wichtigsten Tätigkeiten und Anforderungen Ihres derzeitigen/künftigen Arbeitsplatzes?"
* „Welche Kompetenzen und Verantwortungsbereiche haben Sie?"
* „Welche Aufgaben fordern Sie, welche Aufgaben machen Sie nicht gerne?"
* „Wie muss Ihr Arbeitstempo sein?"
* „Welche Entscheidungen müssen Sie treffen?"

3. Qualifikationsprofil: Was kann der Mitarbeiter?

Außer über die Informationen aus Personalakten oder Beurteilungen sollten sich Mitarbeiter und Führungskraft hier über ihr jeweiliges Bild von den Mitarbeiterqualifikationen austauschen. Natürlich kann es dabei zu Meinungsverschiedenheiten kommen. Sie können Fragen stellen zu ...

* Inhalt von Ausbildung, Studium oder Berufstätigkeit,
* Stärken und Schwächen.

Weitere denkbare Fragen sind:

* „Welche Arten von Problemen lösen Sie am leichtesten?"
* „Was tun Sie gerne?"

Viele Fragen aus dem Bewerbungsgespräch können hier eingesetzt werden.

4. Potenzialprofil: Was steckt noch im Mitarbeiter?

Da sich das Potenzial des Mitarbeiters auf zukünftig mögliche Leistungen, Fähigkeiten und Einsatzmöglichkeiten bezieht, ist es schwierig, es valide zu evaluieren. Auch hier können Meinungsverschiedenheiten auftreten. Als Interviewer können Sie beispielsweise Fragen stellen nach ...

* Gründen und Motiven für Entscheidungen jeglicher Art oder
* Aktivitäten außerhalb der Arbeit.

Weitere Beispielfragen:

- „Was motiviert Sie?"
- „Was sind Bereiche, in denen Sie sich noch verbessern möchten/können?"
- „Welche Entwicklungsmöglichkeiten sehen Sie?"
- „Was würden Sie tun, um Ihre Leistungen zu verbessern?"
- „Was ärgert Sie am meisten an sich selbst?"

5. Bedürfnisprofil: Was will der Mitarbeiter?

Wiederum bieten sich Fragen nach dem Warum für Entscheidungen, nach der Motivation, nach Erwartungen, Zielen, Wünschen und Bedürfnissen an.

Beispielfragen:

- „Angenommen, Sie hätten die Möglichkeit, optimale Bedingungen für Ihr Arbeitsumfeld zu schaffen. Was würden Sie tun?"
- „Was erwarten Sie von Ihrem Vorgesetzten?"
- „Wie sehen Sie sich in der Zukunft?"
- „Was wäre eine attraktive Herausforderung für Sie? Welche Aufgabe, welche Stelle wäre für Sie erstrebenswert?"

> Die vier erarbeiteten Profile (Anforderungs-, Qualifikations-, Potenzial- und Bedürfnisprofil) ergeben ein **Gesamtprofil des Mitarbeiters,** das in seinen wesentlichen Bereichen stimmig sein sollte. Das Profil sollte mit den unternehmensseitigen Anforderungen übereinstimmen, damit Aufgaben richtig bewältigt werden können. Ist dies nicht der Fall, müssen zumindest die Mitarbeiterpotenziale die entsprechende Entwicklung erlauben. Lernen kann zwar autoritär eingefordert werden, hat aber wenig Sinn, wenn es den Mitarbeiterbedürfnissen nicht entspricht.

6. Entwicklungsplanung und/oder Abweichungsanalyse

Gemeinsam werden die Entwicklungsziele und -maßnahmen für die folgende Periode erarbeitet. Wenn schon ein Entwicklungsplan besteht, sollte dessen Einhaltung jetzt überprüft werden; eventuelle Abweichungen gilt es zu analysieren. Anschließend werden neue Entwicklungsziele und -maßnahmen vereinbart. Gegebenenfalls wird der Entwicklungsplan angepasst. Fragetechniken können in dieser Phase ebenfalls sehr effektiv eingesetzt werden.

Nach Karrierewünschen sollten Sie Ihren Mitarbeiter nur dann direkt fragen, wenn in Ihrem Unternehmen tatsächlich Aufstiegsmöglichkeiten bestehen. Denn Ihr Mitarbeiter wird, wenn Sie ihn fragen, im Zweifelsfall Interesse äußern – was soll er auch sonst sagen? Es hat aber wenig Sinn, jemanden in Karriereerwartungen „hineinzureden", für den es eine solche Perspektive derzeit nicht gibt.

Entwicklungspläne können individuell oder für eine Personengruppe gestaltet werden. Ihr Zuschnitt ist entweder hierarchisch oder aufgabenorientiert. Ein Beispiel zeigt Abb. 11.

Entwicklungsplan		Datum: 15.11.2007 Uhrzeit: 14:30 Uhr	
Stelleninhaberin: Frau Reiser			
	DAUER	**ORT**	**TERMIN**
Besuch des Trainingsprogramms für Nachwuchsführungskräfte	10 x 2 Tage	Kronen-Hotel, Köln	2008
Stellvertretung für den Abteilungsleiter	–	Zentrale	ab sofort
Teilprojektleitung „Beurteilerschulung"	2 Monate	Zentrale	Q1/2
Teilprojektleitung „Analyse des Betriebsklimas"	3 Monate	Werk Essen	Q2
Projektleitung „Bewerberbroschüre"	5 Monate	Zentrale	Q3/4
Hospitanz beim Personalvorstand	2 Wochen	Zentrale	ab KW 7
Teilnahme an den Abteilungsleiterkonferenzen	Monatlich	Zentrale	–
Gast im „Kreis leitender Mitarbeiter"	2 x jährlich		
Externes Seminar „Arbeitsrecht für Personaler"	4 Tage	Kongresszentrum, Berlin	10.–13.8.
Kongressbesuch „HR-Professional"	3 Tage	Messe-Frankfurt	2.–4.7.

Abb. 11: Beispiel für einen Entwicklungsplan

8 Einsatz von Interviews in Change-Prozessen

Veränderungen sind unumgänglich! Wir leben in einer Welt, die von stetigem, dynamischem Wandel geprägt ist. Aber nicht nur die Welt um uns herum, sondern auch wir selbst verändern uns ständig. Diese Veränderungsprozesse erkennt man oft nicht so leicht. Erst bei genauerem Hinsehen, sprich einer genauen Beobachtung und Analyse, sind die Veränderungen feststellbar. Aus diesem Grund und, weil mit den notwendigen Entwicklungen auch Risiken einhergehen, reagieren Menschen – Mitarbeiter und Führungskräfte – oft abwartend, skeptisch oder ablehnend auf Veränderungen.

Viele Menschen reagieren auf Veränderungen zunächst skeptisch

Gründe für diese Haltung gibt es viele, beispielsweise die Befürchtung, als Verlierer aus organisatorischen Veränderungsprozessen hervorzugehen, oder eine zunehmende Desorientierung, wenn viele, teilweise sogar widersprüchliche Veränderungen in rascher Folge auftreten, die dann auch noch schlecht kommuniziert werden oder an denen die Betroffenen nicht beteiligt werden. Weitere Gründe für Anpassungswiderstände seitens der Betroffenen:

Gründe für Anpassungswiderstände

- Viele Menschen stehen Neuerungen generell äußerst skeptisch gegenüber und haben ein großes Sicherheitsbedürfnis, das sie an Vertrautem festhalten lässt.
- Eine selektive Wahrnehmung führt dazu, dass wir zu einmal gefällten Entscheidungen ausschließlich jene Informationen suchen, die die Richtigkeit unserer Entscheidung bestätigen.
- Die Betroffenen, gerade auch deren Vorgesetzte, empfinden Reorganisationsvorhaben oft als unterschwelligen Vorwurf, bislang mit falschen Strukturen und Prozessen gearbeitet zu haben.
- Speziell in der Anfangsphase der Umsetzung von Änderungen fallen oftmals Fehler im neuen System auf, es scheint weniger stabil zu laufen, und ehe man nicht hinreichend eingearbeitet ist, erscheint es umständlicher und fehleranfälliger.
- Reorganisation bedeutet für die Betroffenen Mehrarbeit. Sie liegt in den Umstellungsarbeiten, der Einarbeitung in das neue Verfahren sowie der Behebung von Fehlern begründet, die neue Verfahren in der Anlaufphase häufig mit sich bringen.

Angesichts dieser Anpassungswiderstände Veränderungen gänzlich zu vermeiden wäre mit Sicherheit die falsche Konsequenz.

VIELMEHR KOMMT ES DARAUF AN, NEUE ENTWICKLUNGEN RICHTIG ZU KOMMUNIZIEREN UND DIE BETROFFENEN IN DEN PROZESS ZU INTEGRIEREN.

Dazu können Gespräche und Interviews einen wertvollen Beitrag leisten.

8.1 Begriffsbestimmung

Change-Management – oder wörtlich das Management von bzw. der Umgang mit Veränderungen – ist ein sehr vielgestaltiger Begriff, der in Theorie und Praxis ganz unterschiedlich verwendet wird. In der Praxis wird er für folgende Sachverhalte verwendet:

Krisenmanagement

- UMGANG MIT KRISEN: Da es sich beim Krisenmanagement eher um ein reaktives Vorgehen handelt, das oft sogar spontan und einmalig und damit nicht langfristig geplant auftritt, ist der Begriff Change-Management bei dieser Form des Umgangs mit Veränderungen an sich nicht geeignet. Besser ist es, in diesem Zusammenhang bei dem Begriff Krisenmanagement zu bleiben.

Projektbegleitung

- BEGLEITUNG VON PROJEKTEN: Da viele Projekte mit Veränderungen in der Organisationsstruktur, bei Produkten oder Arbeitsabläufen verbunden sind, ändern sich durch sie für viele Mitarbeiter die Arbeitsbedingungen. Als Change-Management bezeichnet man projektbegleitende Aktivitäten, die dazu dienen, die Einführung der Veränderungen, die sich infolge des Projektes ergeben, zu unterstützen.

Organisations-
entwicklung

- ORGANISATIONSENTWICKLUNG: Dieser Ansatz beschäftigt sich mit geplanten Veränderungen in Organisationen und kann insofern gleichbedeutend mit der Bezeichnung Change-Management stehen. Ursprünglich war mit dem Begriff der Organisationsentwicklung auch eine bestimmte Philosophie und Methodik verbunden, weswegen man Organisationsentwicklung auch als Methode im Rahmen des Change-Managements bezeichnen könnte. Der Begriff wird jedoch zunehmend allgemeiner verwendet, sodass oft kein

Unterschied mehr besteht zwischen den Bezeichnungen Organsiationsentwicklung und Change-Management.

- MANAGEMENT KONTINUIERLICHER VERÄNDERUNGEN: Damit ist die Initiierung, Planung, Steuerung und Kontrolle ständiger Veränderungsprozesse gemeint, die dazu dienen, das Unternehmen optimal an eine sich wandelnde Umwelt anzupassen.

Management kontinuierlicher Veränderungen

Als Ausgangspunkt für die folgenden Ausführungen soll folgende Defintion dienen, denn sie gibt über das zuvor Angeführte hinaus auch Hinweise auf die Vorgehensweise beim und die Einflussfaktoren auf das Change-Management.

Change-Management

„Strategie des geplanten und systematischen Wandels, der durch die Beeinflussung der Organisationsstruktur, Unternehmenskultur und individuellem Verhalten zu Stande kommt, und zwar unter größtmöglicher Beteiligung der betroffenen Arbeitnehmer. Die gewählte ganzheitliche Perspektive berücksichtigt die Wechselwirkung zwischen Individuen, Gruppen, Organisationen, Technologie, Umwelt, Zeit sowie Kommunikationsmuster, Wertestrukturen, Machtkonstellationen etc., die in der jeweiligen Organisation real existieren."

(Gablers Wirtschaftslexikon, Wiesbaden 2004)

8.2 Interviews und Gespräche im Rahmen des Change-Managements

8.2.1 Gesprächsführung in Change-Prozessen

Um die Bedeutung von Interviews und Gesprächen im Rahmen von Change-Prozessen richtig einschätzen zu können, ist es hilfreich, den Verlauf von Change-Prozessen zu betrachten. Natürlich ist kein Change-Projekt wie das andere und dementsprechend muss die Vorgehensweise immer wieder neu geplant werden. Dennoch gibt es Gemeinsamkeiten im Prozessverlauf, die es ermöglichen, ein einfaches Standardablaufschema zu entwickeln, das im Folgenden dargestellt ist (vgl. hierzu Graf-Götz und Glatz, 2003).

Verlauf von Change-Prozessen

Ablauf von Change-Prozessen

1. Orientierungs- und Planungsphase

Probleme werden identifiziert und aus verschiedenen Perspektiven betrachtet. Es folgt die Entscheidung für die Durchführung eines Change-Projektes.

Gesprächs- und Intervieweinsatz:
Gespräche unter den Betroffenen sowie unter den Entscheidungsträgern und der designierten Projektgruppe finden statt, um ein Problembewusstsein zu schaffen, verschiedene Sichtweisen zu erhalten und erste Lösungsvorschläge zu erarbeiten.

Beispielhafte Fragestellungen:

- „Welche Informationen über die gegenwärtige Situation sind verfügbar?"
- „Wie sehen Sie die Situation?"
- „In welcher Weise betrifft Sie das Problem?"
- „Wie arbeiten Sie mit anderen zusammen?"
- „Wie werden Sie beeinflusst?"
- „Welche Probleme sind Ihnen bewusst geworden?"

2. Diagnosephase, „unfreezing"

Die Situation und die Rahmenbedingungen werden zusammen mit den Betroffenen ausführlich analysiert.

Gesprächs- und Intervieweinsatz:
Zur Diagnose können kommunikative Verfahren wie Workshops, Einzel- und Gruppeninterviews (Appreciative Inquiry oder qualitative Interviews, vgl. Kap. 8.3, 8.4) und Großgruppenmethoden eingesetzt werden.

Beispielhafte Fragestellungen:

- „Welche Probleme sind aufgetreten? Seit wann oder wie oft?"
- „Wo treten die Probleme auf?"
- „Wer ist daran beteiligt? Wie sind die Machtkonstellationen?"
- „Welche Strukturen, Werte und persönlichen Verhaltensweisen tragen zu den Problemen bei?"
- „Welche Rahmenbedingungen spielen eine Rolle?"
- „Welche speziellen Sachprobleme gibt es? Was gibt es dazu zu sagen?"
- „Wodurch könnten die Probleme verschärft werden?"

3. Planungsphase, „moving"

Veränderungsziele, Maßnahmen und konkrete Umsetzungspläne werden erarbeitet. An dieser Phase sollten die Betroffenen wieder intensiv beteiligt werden.

Gesprächs- und Intervieweinsatz:
Verfahren wie Workshops, Einzel- und Gruppeninterviews (Appriciative Inquiry und qualitative Interviews) oder Großgruppenmethoden sind auch hier sehr hilfreich. Oft verschwimmt die Grenze zwischen Diagnose, Planung und Intervention.

Beispielhafte Fragestellungen:
- „Wie wünschen Sie sich die Zukunft? Was ist Ihre Vision?"
- „Wo sollten wir in x Jahren stehen?"
- „Was sind unsere Erfolgsfaktoren und Stärken?"
- „Was können Sie bis wann beitragen?"

4. Umsetzungs- und Kontrollphase, „refreezing"

In dieser Phase werden die geplanten Maßnahmen durchgeführt; ihre Wirksamkeit wird überprüft.

Gesprächs- und Intervieweinsatz:
Zur Auswertung der Umsetzung werden Einzel- oder Gruppeninterviews geführt.

Beispielhafte Fragestellungen:
- „Welche Maßnahmen wurden bisher umgesetzt?"
- „Wie schätzen Sie deren Erfolg ein?"
- „Welche Probleme sind aufgetreten?"
- „Was müsste zusätzlich noch getan werden?"
- „Wie zufrieden sind Sie mit dem Erreichten?"
- „Was können Sie zusätzlich noch tun?"

8.2.2 Beispielfragen für Change-Gespräche

Im Folgenden sind weitere Beispielfragen für Change-Gespräche zusammengestellt, die sich an dem oben dargestellten Ablaufschema orientieren.

FRAGEN ZUR PROBLEMERKENNUNG   *Problemerkennung*

- „Welche Probleme/Problemsichten gibt es?"
- „Wer sieht das Problem? Wer sieht es nicht?"
- „Was wird gesehen? Was wird ausgeblendet?"
- „Wer ist von dem Problem betroffen?"
- „Wer von den Betroffenen nimmt das Problem wie wahr? Was nehmen die Betroffenen nicht wahr?"
- „Welche Betroffenen sehen keine Probleme?"
- „Woher kommt Veränderungsdruck?"

Problemdiagnose

FRAGEN ZUR PROBLEMDIAGNOSE

- „Was läuft nicht gut? Welche Störungen und Hindernisse treten auf?"
- „Welche Schwächen haben wir?"
- „Welche Strukturen, Werte und Rahmenbedingungen bedingen das Problem oder sorgen dafür, dass es weiter besteht?"
- „Wer profitiert von dem Problem? Hat das Problem auch Vorteile? Wird problematisches Verhalten belohnt? Wodurch?"
- „Wodurch würde das Problem verschärft?"
- „Welche Nachteile hat das Problem? Für wen? Wie groß sind diese?"

Stärkenanalyse

FRAGEN ZUR STÄRKENANALYSE

(Vgl. hierzu auch die Fragestellungen des AI-Ansatzes in Kapitel 8.3.)

- „Was läuft bislang gut?"
- „Wo liegen unsere Stärken und Potenziale?"
- „Was machen wir bislang schon richtig?"
- „Was sollte systematisch und konsequent ausgebaut werden?"
- „Was gibt uns Energie?"
- „Wozu wären wir noch fähig?"
- „Worauf sind wir stolz?"

Lösungssuche

FRAGEN ZUR LÖSUNGSSUCHE

Einige der bisher aufgezählten Fragestellungen bergen den Ansatz von Lösungsmöglichkeiten bereits in sich und passen somit ebenfalls in diese Kategorie.

- „Welche Chancen und Möglichkeiten sehen Sie?"
- „Welche Potenziale und Stärken könnten wir noch besser nutzen? Was liegt brach?"
- „Welche Fähigkeiten sollten wir uns aneignen?"
- „Gegen welche zukünftigen Gefahren/Herausforderungen sollten wir uns wappnen? Womit müssen wir rechnen?"
- „Welche Hindernisse könnten auftreten?"

Maßnahmenplanung

FRAGEN ZUR MASSNAHMENPLANUNG

- „Was ist konkret zu tun?"
- „Wie lange braucht das?"

- „Welche Hilfsmittel und Ressourcen sind dazu notwendig?"
- „Wer könnte das übernehmen?"
- „Für wen hätte diese Lösung Vor- und für wen Nachteile?"
- „Welchen Einfluss hätte diese Lösung auf unsere Umwelten?"

8.2.3 Der Stellenwert von Fragen im Change-Prozess

Fragen können im Rahmen von Change-Prozessen ganz unterschiedlich eingesetzt werden. Ihre offensichtlichste Funktion ist die der Informationsbeschaffung. Es wäre sträflich, die Mitarbeiter als größte Experten für ihre jeweiligen Aufgabengebiete als Quelle von Sachinformationen zu ignorieren. Ohne das kollektive Wissen und die Erfahrungen von Mitarbeitern könnten Entscheidungen in den Managementebenen immer nur „am grünen Tisch" getroffen werden.

Informationsbeschaffung

Fragen helfen aber nicht nur auf der Ebene der Informationsbeschaffung, sondern auch darüber hinaus:
- Im Rahmen einer Befragung können Denkprozesse angestoßen werden, die zu neuen Erkenntnissen führen.
- Oder aber bereits bekannte Informationen erscheinen plötzlich in einem neuen Licht und werden dadurch anders bewertet oder priorisiert.
- Möglicherweise werden bekannte Informationen neu kombiniert, sodass neue Schlussfolgerungen möglich sind.

Neue Erkenntnisse und Schlussfolgerungen

Es ist einiges Geschick seitens des Interviewers und Kooperationsbereitschaft seitens des Interviewten notwendig, um gemeinsam im Dialog zu neuen Erkenntnissen zu gelangen.

Auch das aktivierende und beteiligende Element von Fragen ist ein willkommener Stimulus im Change-Management:

Motivation und Integration

DURCH FRAGEN WERDEN UNBETEILIGTE ZU BETEILIGTEN, SIE WERDEN AUFGEFORDERT, MITZUDENKEN UND SICH EINZUBRINGEN.

Je dezentralisierter das Unternehmen organisiert ist und je kooperativer die Führung wahrgenommen wird, desto wichtiger ist diese Funktion von Fragen.

Damit einher geht noch ein weiterer Aspekt des Fragenstellens: Bei jemandem, der sich aufgrund einer Befragung Gedanken macht, zu eigenen Schlussfolgerungen gelangt und eventuell sogar eigene Ideen einbringt oder sich anderweitig aktiv beteiligt, wird ein Prozess in Gang gesetzt. Der Befragte entwickelt Erwartungen, die er heranziehen wird, um die Veränderungen im Unternehmen zu bewerten.

Fragen können das Verhalten des Befragten verändern

Wenn wir einen Blick zurück auf den Katalog von Beispielfragen in Kapitel 8.2.2 werfen, wird noch eine weitere Funktion von Fragen deutlich: Speziell bei den Fragen, die im Rahmen der Lösungssuche eingesetzt werden können, aber auch bei vielen anderen kann man sehen, dass sie einen Prozess in Gang bringen können, der nicht nur zu neuen Erkenntnissen oder einer geänderten Haltung führen kann, sondern der auch das Verhalten der Befragten verändert.

Beispiel   **PRAXIS**

Ein Mitarbeiter wird über Qualitätsprobleme befragt. Ihm werden z.B. die folgenden Fragen gestellt: „Welche Qualitätsprobleme haben wir?", „Wodurch entstehen sie?", „Welche Konsequenzen hat das für uns auf dem Absatzmarkt?", „Was könnten wir zur Behebung unserer Probleme tun?", „Was könnten Sie tun?"

Wenn sich der befragte Mitarbeiter, ausgelöst durch das Interview, nun erstmals ernsthaft mit dem Thema Qualität und seiner Bedeutung für das Unternehmen und auch für ihn und seinen Arbeitsplatz auseinandersetzt, entwickelt er vermutlich auch ein neues, gesteigertes Qualitätsbewusstsein, das sein Verhalten in Zukunft beeinflussen wird. Insofern kann schon eine Frage eine Intervention sein. Dazu wäre dann keine weitere geplante Maßnahme vonseiten des Unternehmens notwendig.

8.3 Appreciative Inquiry

8.3.1 Philosophie und Grundannahmen

Appreciative Inquiry (AI) bedeutet frei übersetzt „wertschätzende Erkundung und Entwicklung". Im engeren Sinn handelt es sich dabei um ein Instrument zur Organisationsentwicklung, im weiteren Sinn ist es viel eher eine Philosophie. In deren Mittelpunkt stehen unsere Grundhaltung, mit der wir etwas betrachten oder tun, und die Frage, wie sich diese Grundhaltung auf unser Handeln auswirkt. AI wurde Mitte der 1980er-Jahre in den USA von David Cooperrider und Suresh Srivastva entwickelt.

Im Zentrum dieser Methode steht vor allem ihr zukunfts- und lösungsorientierter Ansatz (vgl. zur Bonsen und Maleh, 2001): Bei klassischen Problemlösungsprozessen konzentriert man sich auf das Problem – etwa einen Fehler, eine Schwäche oder ein Defizit, das abgebaut werden muss. Beim AI hingegen liegt der Fokus auf den vorhandenen Stärken, die weiter ausgebaut werden sollen.

Zukunfts- und lösungsorientierter Ansatz

APPRECIATIVE INQUIRY BERUHT ALSO AUF DER ANNAHME, DASS JEDE ORGANISATION BEREITS VIELES HERVORRAGENDE AUFWEIST UND DAMIT ÜBER POTENZIALE VERFÜGT, DIE AUSGESCHÖPFT UND AUSGEBAUT WERDEN KÖNNEN.

Wird den Mitarbeitern bewusst, was bereits gut läuft, und identifizieren sie sich damit, ist es möglich, diese „Best Practices" zu analysieren und konsequent anzuwenden. So sind dann letztendlich neue Erfolge möglich.

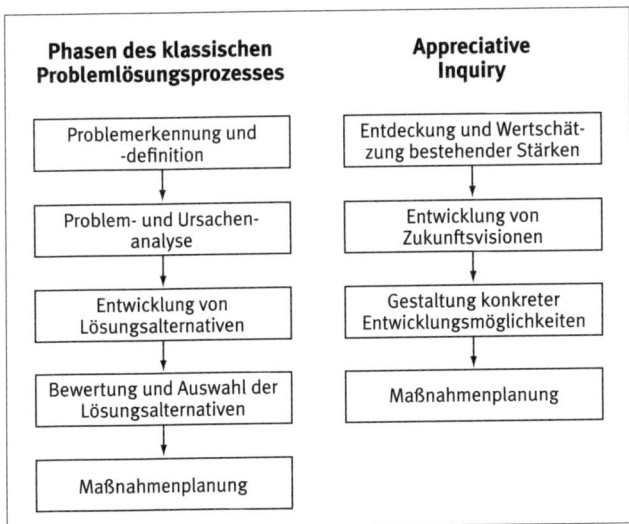

Abb. 12: Problemlösung nach der Methode der AI

Die Erfahrung, dass es Menschen deutlich mehr Freude bereitet, sich mit positiven Ergebnissen und Stärken auseinanderzusetzen als mit Schwächen und Fehlern, und dass sie sich meist problemlos mit diesen identifizieren, schafft eine sehr attraktive Ausgangsbasis für den AI-Prozess.

Es gilt dann, Wege zu finden, die systematisch an diese attraktive Basis anknüpfen, und so das Fundament für einen Veränderungsprozess zu schaffen, der von allen Betroffenen getragen wird.

Grundannahmen der AI

Die Grundannahmen der Appreciative Inquiry lassen sich wie folgt zusammenfassen:

- Es gibt immer irgendetwas, das bereits gut funktioniert. Aufgrund starker Problemorientierung wird das aber nicht immer sofort sichtbar.
- Das, worauf wir uns konzentrieren, wird unsere Realität. Diese wird stark durch unsere inneren Bilder, Erfahrungen und Werte beeinflusst.
- Den Weg in die ungewisse Zukunft zu beschreiten fällt leichter, wenn man dabei auf erfolgreichen Erfahrungen aufbaut.
- Sich mit Stärken zu beschäftigen macht mehr Spaß, gibt mehr Mut und schafft mehr Motivation, als Probleme zu wälzen. Außerdem wirken Erfolge nachhaltiger.
- Jeder Mensch möchte, dass sein Tun Sinn und Bedeutung hat; jeder möchte einen Beitrag leisten.

Wie Sie diese Grundannahmen nun in einem Interview umsetzen können, erfahren Sie im Folgenden.

8.3.2 Ablauf des AI-Prozesses

Erstellung eines Interviewleitfadens

Der AI-Prozess beginnt mit der Erstellung eines Interviewleitfadens. In der Regel wird das im Vorfeld der AI-Konferenz von einer Planungsgruppe erledigt, die sich aus externen Beratern und einem repräsentativen Querschnitt der Konferenzteilnehmer zusammensetzt.

Da alle AI-Interviews nach demselben Muster ablaufen, besteht der Interviewleitfaden immer aus den gleichen drei Frageblöcken (vgl. zur Bonsen, 2002):

1. Standardfragen zur Wahrnehmung der Organisation
2. Fragen zu den Kernthemen der AI-Konferenz
3. Fragen zur Zukunft der Organisation

Phasenmodell eines AI-Interviews

1. Standardfragen zur Wahrnehmung der Organisation

Dieser Frageblock kann mit folgenden Formulierungen bestritten werden:

- „Erzählen Sie mir bitte von Ihrer Anfangszeit in unserer Organisation:
  - Wann kamen Sie zu uns?
  - Was hat Sie zu uns hingezogen?
  - Was waren Ihre ersten Eindrücke? Was hat Sie begeistert, als Sie zu uns kamen?"
- „Bitte erinnern Sie sich an einen Zeitraum, der für Sie ein echter Höhepunkt war, an eine Zeit, in der Sie besonders begeistert waren, sich wohl und lebendig fühlten, in der Sie sich vielleicht besonders gut einbringen und etwas in unserer Organisation bewirken konnten:
  - Was ist da geschehen? Wer war dabei? Was ermöglichte dieses Erlebnis?
  - Was können wir daraus lernen?"
- „Was schätzen Sie besonders an sich, an Ihrer Arbeit, an unserer Organisation?"

2. Fragen zu den Kernthemen der AI-Konferenz

Diese Fragen müssen von der Planungsgruppe jeweils neu entwickelt werden. Dabei handelt es sich vor allem um Fragen, die sich auf die Richtung beziehen, in die sich die Organisation entwickeln will, bzw. auf Fähigkeiten, die sie stärken will, z.B. herausragende Kommunikation:

- „Erinnern Sie sich bitte an eine Situation, in der Sie im Unternehmen eine besonders offene und glaubwürdige Kommunikation erlebt haben:
  - Was ist genau geschehen?
  - Wie haben Sie und andere die Wirkung dieser Kommunikation erlebt?
  - Was können wir künftig noch besser machen, damit Informationen vollständig und an alle Mitarbeiter gelangen?
  - Welche weiteren Maßnahmen können die Glaubwürdigkeit des Managements und die Vertrauensbasis zwischen Mitarbeitern und Management verbessern?"

3. Fragen zur Zukunft der Organisation

Diese Fragen können weitestgehend standardisiert werden:

- „Welches sind Ihrer Meinung nach die Schlüsselfaktoren, die unserer Organisation Vitalität und Kraft geben?"
- „Wenn Sie unsere Organisation, wie immer Sie wollten, weiterentwickeln oder radikal verändern könnten, welche drei Dinge würden Sie tun, um unsere Vitalität, Kraft und unseren Erfolg nachhaltig zu steigern?"
- „Stellen Sie sich vor, wir schreiben das Jahr 2010 und wir sind über unsere kühnsten Träume hinaus erfolgreich: Wie hat sich unsere Organisation verändert?

Im weiteren Verlauf eines AI-Prozesses interviewen sich die Teilnehmer einer AI-Konferenz gegenseitig mithilfe des zuvor erstellten Interviewleitfadens. Anschließend erarbeiten sie in drei aufeinanderfolgenden Phasen nach und nach zuerst präzise, positiv formulierte und erreichbare Ziele und schließlich konkrete Maßnahmen – und zwar auf der Grundlage der gewonnenen Eindrücke über Stärken und Potenziale der Organisation und der Zukunftsvisionen für die Organisation. Dieser so genannte 4-D-Prozess (Discovery, Dream, Design, Destiny; vgl. Abb. 13) findet in der Regel in Kleingruppen statt.

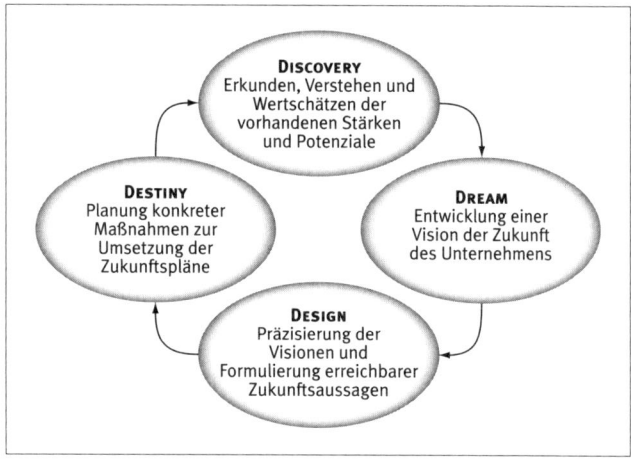

Abb. 13: 4-D-Prozess

Im Mittelpunkt des AI-Prozesses steht immer das Interview, das in diesem Zusammenhang sehr offen gestaltet werden kann. Diese Art, Interviews zu führen, lässt sich auch auf viele andere Situationen übertragen – beispielsweise können Sie sich als Führungskraft diese Haltung und Vorgehensweise auch in Mitarbeitergesprächen zu eigen machen. Sie beinhaltet folgende Interviewregeln:

Regeln für AI-Interviews

- Lassen Sie Ihren Partner seine Geschichte erzählen. Schenken Sie ihm dabei Ihre volle Aufmerksamkeit, hören Sie aktiv zu und fragen Sie vorsichtig nach. Versuchen Sie, durch Ihre Nachfragen nicht den Erzählfluss zu stören.
- Seien Sie offen und neugierig auf die Erfahrungen, Ideen und Gefühle des anderen. In vielen Zitaten oder Geschich-

ten, die Ihnen erzählt werden, kommen diese besonders gut zum Ausdruck.

- Machen Sie sich klare und deutliche Notizen. Achten Sie dabei auf gute Zitate dessen, was Ihr Interviewpartner sagt.
- Lassen Sie Ihrem Gesprächspartner Zeit für seine Erzählungen und, um über Ihre Fragen nachzudenken.
- Ihr Gesprächspartner hat die Freiheit zu erzählen, was und wie viel er möchte. Er hat also auch das Recht, Fragen nicht zu beantworten.
- Stellen Sie offene Fragen.
- Bewerten Sie die Erzählungen Ihres Gesprächspartners weder verbal noch nonverbal. Versuchen Sie ihn stattdessen lieber zum Weiterreden zu motivieren. Schaffen Sie dazu ein freundliches Gesprächsklima.

Formulierungsbeispiele für zusätzliche Fragen und Aufforderungen: „Erzählen Sie mir bitte mehr!", „Was war so wichtig für Sie?", „Wie wirkte das auf Sie?", „Wie haben Sie sich dabei gefühlt?", „Was, glauben Sie, hat bewirkt, dass es so besonders war?", „Warum empfinden Sie das so?", „Was war Ihr Beitrag?", „Wie hat Sie das Ereignis verändert?", „Warum war diese Erfahrung so wichtig für Sie?", „Welche Faktoren haben dazu beigetragen?"

8.3.3 Anwendungsmöglichkeiten und Bewertung

Appreciative Inquiry ist ein sehr flexibles Instrument, das zu ganz verschiedenen Anlässen und im Rahmen vieler unterschiedlicher Change-Prozesse zum Einsatz kommen kann. Auch weil es sich so flexibel mit anderen Methoden und Arbeitstechniken, z.B. Großgruppenmethoden, verbinden lässt, ist ein breiter Einsatz von AI möglich. Geeignete Einsatzfelder für AI gibt es daher viele:

Geeignete Einsatzfelder für AI

- Firmenübernahmen oder -fusionen,
- Prozessdesign,
- Einführung neuer Managementinstrumente,
- Verbesserung der unternehmensweiten Kommunikation,
- Planung einer neuen Strategie,
- Weiterentwicklung der Corporate Identity,
- Veränderung der Unternehmenskultur und der damit verbundenen Werte,

- Verbesserung der Zusammenarbeit innerhalb von und zwischen Teams,
- Planung der Erschließung neuer Geschäftsfelder oder neuer Märkte etc.

AI im Change-Prozess Neben vielen unterschiedlichen themenbezogenen Einsatzmöglichkeiten fügt sich AI auch methodisch gut in einen Change-Prozess ein. Es bietet die Möglichkeit, viele Mitarbeiter zu beteiligen – weit mehr, als bei den meisten anderen Interviewtypen erreicht werden können. Der Change-Prozess steht damit auf einer breiteren Basis. Da die Mitarbeiter im Rahmen des AI-Zyklus nicht nur interviewen und interviewt werden, sondern in verschiedenen Gesprächsrunden auch an der Maßnahmenplanung beteiligt sind, wird der Change-Prozess mit hoher Wahrscheinlichkeit auf große Akzeptanz stoßen und motiviert und zügig vorangetrieben werden. Dieses Vorgehen verbindet demnach die wichtigen Funktionen Information, Motivation und Veränderung miteinander.

Bei der Anwendung von AI sollte man aber berücksichtigen, dass durch die Orientierung an Stärken einige Ansatzpunkte für Verbesserungen ausgeklammert werden – nämlich solche, die auf aktuellen Defiziten oder Schwächen beruhen. Die *Was man bei der* Sichtweise beim AI ist grundsätzlich einseitig. Wenn Sie den *Einsatzplanung von* Einsatz von AI planen, sollten Sie Folgendes bedenken: *AI erwägen sollte*

- Einerseits können mithilfe des AI-Zyklus in kurzer Zeit sehr viele Interviews geführt werden. Entsprechend können viele Informationen und Sichtweisen gesammelt und ausgewertet werden.
- Andererseits ist AI eine sehr aufwändige Methode, weshalb abzuwägen ist, ob das Ergebnis den Aufwand rechtfertigt.
- Es gibt Unternehmenssituationen, in denen der AI-Ansatz nicht angewendet werden kann; z.B. wenn ein Unternehmen vor radikalen Einschnitten steht.

AI als Interview- Sehr positiv ist schließlich zu werten, dass Appreciative In-
philosophie quiry auch als Interviewphilosophie einen Gewinn darstellt – selbst wenn es nicht als Methode verwendet wird. Mithilfe der Fragetechnik und der Interviewregeln können einige Phasen in Mitarbeitergesprächen (Beurteilungs-, Feedback-, Laufbahn- und Entwicklungs- oder Zielvereinbarungsgespräch) sehr motivierend und mitarbeiterorientiert gestaltet werden.

AI-INTERVIEWS EIGNEN SICH HERVORRAGEND, UM DIE STÄR-KEN UND POTENZIALE VON MITARBEITERN ZU ERKUNDEN.

Gemeinsam mit dem Mitarbeiter kann die Führungskraft so eine Zukunftsvorstellung entwickeln, welche in konkrete Ziel-oder Laufbahn- und Entwicklungsplanungen überführt werden kann. Auch in Feedback- oder Beurteilungsgesprächen können Gesprächsphasen nach dem AI-Muster gestaltet werden, um Erfolge herauszuarbeiten, Lob auszusprechen und den Mitarbeiter zu motivieren.

Gemeinsam mit dem Mitarbeiter eine Zukunftsvorstellung entwickeln

8.4 Qualitative Interviews

Mit dem Begriff des qualitativen Interviews sind Befragungen gemeint, in denen keine festen Kategorien oder Aussagen vorgegeben und abgefragt werden.

ES WERDEN AUSSCHLIESSLICH GROBE LEITFRAGEN FORMULIERT, DIE DEM INTERVIEWTEN IMPULSE FÜR EINE FREIE ERZÄHLUNG GEBEN SOLLEN.

Zugleich ermöglichen sie dem Interviewer, an die Erzählungen anzuknüpfen und sie auf das jeweilige Problem zu beziehen.

Das qualitative Interview dient nicht in erster Linie dazu, a priori aufgestellte Hypothesen zu überprüfen oder zielgerichtet ganz bestimmte Daten zu sammeln, die der Interviewer zuvor als die relevanten identifiziert hat. Es wird vielmehr eingesetzt, um die Sichtweise des Interviewten zu verstehen. Damit stellt sich erst im Laufe des Interviews heraus, welches die relevanten Daten sind oder welche Hypothesen überprüft werden sollten. Zudem soll sehr häufig durch das Interview selbst auch beim Interviewten ein Denkprozess ausgelöst werden.

Qualitative Interviews werden eingesetzt, um die Sichtweise des Befragten zu verstehen

8.4.1 Grundprinzipien und Methodik

Qualitative Interviews stammen, wie der Name schon vermuten lässt, aus der qualitativen Sozialforschung und unterscheiden sich in vielerlei Hinsicht von den klassischen (quantitativen) Interviews, wie wir sie aus Bewerbungsgesprächen oder aus vielen Marktforschungsstudien kennen. Bei diesen klassischen quantitativen Interviews geht es in erster Linie darum, möglichst viele Daten zu sammeln.

Erkenntnisprozess und Bewusstseinsveränderung

Die Intention beim qualitativen Interview ist anders gelagert: Neben der Ermittlung von Informationen geht es darum, beim Interviewten auch einen Erkenntnisprozess und am besten sogar eine Bewusstseinsveränderung in Gang zu setzen.

QUALITATIVE INTERVIEWS DIENEN ALSO NICHT NUR DER DIAGNOSE, SONDERN SIND SCHON EINE VORSTUFE DER INTERVENTION.

Insbesondere bei organisatorischen Change-Prozessen kommt es nicht nur darauf an, Akzeptanz zu schaffen, indem das Wissen und die Ideen der Befragten in das neue Konzept einfließen, sondern auch darauf, die Mitarbeiter für dieses neue Konzept zu motivieren, indem sie angeregt werden, sich mit der Materie auseinanderzusetzen, neue Einsichten gewinnen und überzeugt werden.

Qualitative Interviews lassen sich nicht standardisieren

Dementsprechend können qualitative Interviews nicht standardisiert werden. Selbst ein Leitfadeninterview schränkt die Flexibilität, mit der man bei einem qualitativen Interview auf den Befragten eingehen sollte, fast schon zu stark ein. Eine schriftliche Befragung verbietet sich in diesem Kontext ebenfalls von selbst. Auch telefonisch ist ein qualitatives Interview nur schwer durchführbar.

Weicher Interviewstil

Um von seinem Gesprächspartner akzeptiert zu werden und eine vertrauensvolle Atmosphäre zu schaffen, in der sich dieser Gesprächspartner neuen Anregungen und Ideen öffnet, ist ein weicher Interviewstil unbedingt notwendig. Indem Sie verständnisvoll auf den Befragten und seine Situation eingehen, bauen Sie seine möglicherweise mangelnde Bereitschaft zur Mitarbeit und Widerstände ab.

Selbst eine neutrale Haltung des Interviewers, wie sie im Kontext der Datenerhebung zu Recht gefordert wird, um Effekte sozialer Erwünschtheit zu minimieren, ist für qualitative Interviewführung problematisch, da unpersönlich-sachliches Auftreten des Interviewers und die Wahrung sozialer Distanz nicht die notwendige Atmosphäre schaffen können.

Offene Fragen

Dass qualitative Interviews auf offenen Fragen basieren, ist nach den bisherigen Ausführungen leicht nachzuvollziehen. Nur durch vorwiegend offene Fragestellungen können Sie dem Interviewten zeigen, dass Sie wirklich an ihm und seinen Aussagen interessiert sind.

172

Gerne wird in qualitativen Interviews mit Erzählbeispielen gearbeitet: Man stellt also Dinge, die im Interview zur Sprache kommen sollen, anhand eines anschaulichen Beispiels dar. Dieses Vorgehen soll es dem Befragten erleichtern, sich in das angesprochene Themen hineinzudenken.

Erzählbeispiel

Ein Erzählbeispiel könnte eine positive und/oder negative Erfahrung bezüglich des Themas sein oder eine kurze Begebenheit, die den Interviewten anregen soll, eine eigene Geschichte zu erzählen, und ihm eine Vorstellung davon gibt, worum es bei dem Interview geht.

Beispiel   **PRAXIS**

Im Rahmen eines Einführungsprojektes von teilautonomen Arbeitsgruppen mit Cost-Center-Struktur beschließt das Projektteam, qualitative Interviews mit einigen der betroffenen Mitarbeiter zu führen, um sie dazu anzuregen, sich mit dem Thema zu beschäftigen und Vorschläge für die Umsetzung zu machen. Außerdem möchte man so die Vorbehalte der Mitarbeiter kennen lernen.

Das Projektteam befürchtet, dass die wesentlichen Probleme die Angst vor Arbeitsplatzverlust, der höhere Verantwortungsdruck und die Angst vor Konflikten sind.

Das Interview soll mit dem Thema Konfliktangst begonnen werden. Dazu wird ein Erzählbeispiel konstruiert, zu dem ein Mitglied des Projektteams seine Erfahrungen aus einem anderen Werk des Unternehmens beisteuert. Die Erfahrungen werden in eine anschauliche Geschichte integriert, die anhand der Schilderung einer kleinen Reiberei die Eingewöhnungsschwierigkeiten der Mitarbeiter behandelt. Außerdem werden die verbesserte Zusammenarbeit und das positive Gefühl, zu einer „guten" Gruppe zu gehören, beschrieben, das sich einstellte, nachdem ein komplizierter Auftrag in Rekordzeit bewältigt wurde.

Zu den beiden anderen Interviewthemen werden weitere Erzählbeispiele entwickelt.

Die Befragten werden dann jeweils gebeten, sich zu der Schilderung zu äußern und zu überlegen, ob sie selbst schon etwas Ähnliches erlebt haben oder wie sie in einer solchen Situation reagieren würden.

Das Interview wie ein Alltagsgespräch führen

Entscheidend ist, dass Sie versuchen, das Interview wie ein Alltagsgespräch zu führen. Es gilt das Prinzip der Zurückhaltung: Der Befragte sollte ausreichend zu Wort kommen und nicht nur reiner Datenlieferant sein, sondern das Gespräch mitbestimmen. Es stehen also nicht allein Ihre Interessen im Mittelpunkt, sondern es ist der Befragte, der das Interview gestalten kann. Dadurch eröffnen sich Ihnen andere Einsichten als bei einem stark vorstrukturierten Gespräch. Das Motto „Wer fragt, der führt" sollte hier nicht zum Tragen kommen.

Kommunikativität und Offenheit

Weitere Prinzipien sind die der Kommunikativität und Offenheit (Lamnek, 2005), die besagen, dass sich der Fragende dem Kommunikationsstil des Befragten anpassen und auf unerwartete Gesprächsbeiträge eingehen sollte. Das beinhaltet auch die flexible Berücksichtigung individueller Bedürfnisse des Befragten in der Gesprächsgestaltung, sofern diese einen Gewinn für das Gesprächsergebnis darstellen. Bei der Berücksichtigung dieser Vorgehensweise ist es wahrscheinlich, dass sich neue Erkenntnisse bei beiden Gesprächspartnern erst schrittweise im Verlauf des Interviews entwickeln.

Aus diesen Ausführungen geht hervor, dass ein qualitatives Interview idealerweise im alltäglichen Milieu bzw. in einer natürlichen Situation stattfinden sollte, um authentische Informationen zu liefern. Neben den situativen Rahmenbedingungen ist auch Ihr Gesprächsstil wichtig, der weich, vertrauensvoll, offen und empathisch sein sollte. Diese „anregend-passive", geradezu freundschaftliche Gesprächsatmosphäre

Gesprächs- und Fragekompetenz

erfordert eine sehr viel höhere Gesprächs- und Fragekompetenz als das Abarbeiten eines weitgehend standardisierten Fragebogens mit geschlossenen Fragen.

WICHTIG IST ES VOR ALLEM, DASS SIE MOTIVIEREND WIRKEN, UM DEN INTERVIEWTEN ZU AUSFÜHRLICHEN ERZÄHLUNGEN AUS SEINER WIRKLICHKEIT ZU BEWEGEN.

Absolute Vertraulichkeit

Auch aufseiten des Interviewten ist ein gutes Verbalisierungs- und Artikulationsvermögen notwendig, damit das Gespräch mehr ist als reiner Small Talk. Ebenso notwendig ist es, dem Interviewten absolute Vertraulichkeit zuzusichern. Das alles macht zudem klar, dass bei qualitativen Interviews hohe „Fallzahlen" fast ausgeschlossen sind: Es geht nicht darum, möglichst viele Interviews zu führen, um ein möglichst repräsentatives Bild der Situation zu bekommen.

ZIEL IST ES, GANZ BESTIMMTE EINZELFÄLLE SEHR GENAU ZU ANALYSIEREN, UM EIN NEUES BILD DER SITUATION ZU ERHALTEN.

Dementsprechend ist die Auswahl der zu Interviewenden von besonderer Wichtigkeit. Vor allem ist Selbstdisziplin gefordert: Sie sollten nicht ausschließlich die Gesprächspartner auswählen, die mit hoher Wahrscheinlichkeit Ihre eigene Sicht der Dinge stützen. So würde das Interview keinen Erkenntnisprozess anstoßen.

Auswahl der zu Interviewenden

8.4.2 Ablauf

Es gibt verschiedene Formen qualitativer Interviews, von denen sich das problemzentrierte Interview nach Witzel (1982) am besten für die Anwendung im Unternehmenskontext, also außerhalb der wissenschaftlichen Forschung, eignet. Es lässt den Interviewten möglichst frei zu Wort kommen, ist aber dennoch auf eine bestimmte Problemstellung, die der Interviewer einführt, zentriert. Der folgende Ablaufplan orientiert sich an Mayring (2002):

Phasenmodell eines qualitativen Interviews　　　**PRAXIS**

1. Analysephase
Das Problemfeld wird auf die zentralen Aspekte eingegrenzt und formuliert.

2. Leitfadenkonstruktion
Die Gesprächsthemen, also zentrale Problemaspekte, werden in eine sinnvolle Reihenfolge gebracht. Mindestens für die Einstiegsfragen und die Erzählbeispiele (s.o.) zu jedem Thema werden Formulierungsvorschläge gemacht. Idealerweise sollte der Leitfaden vor seinem Einsatz in einer Pilotphase getestet und evtl. überarbeitet werden.

3. Interviewdurchführung
Der Interviewer stellt das Thema vor und erklärt dem Interviewpartner die gewünschte Gesprächsstruktur. Vom Interviewten sind vor allem Beispiele und Erzählungen aus seiner persönlichen Erfahrung gefordert.

- *Teil 1 – Sondierungsfragen:* Durch ein Erzählbeispiel oder allgemein gehaltene Einstiegsfragen regt der Interviewer den Befragten zu eigenen Erzählungen an, die er detaillieren und möglichst konkret darstellen soll. Durch die Vorgabe eines Erzählbeispiels wird der Gesprächspartner in einen gewissen Zugzwang gebracht; Vorbehalte gegen das Thema werden reduziert.

- *Teil 2 – Leitfragen:* Um die Perspektive des Gesprächspartners verstehen zu können, sind hin und wieder aktive Eingriffe des Interviewers notwendig: Er kann ...

  - die Ausführungen in eigenen Worten zusammenfassen und so vom Gesprächspartner kontrollieren und gegebenenfalls korrigieren lassen.
  - bei Widersprüchen Verständnisfragen stellen.
  - den Gesprächspartner mit aufgetretenen Widersprüchen konfrontieren. (Aber Vorsicht: Diese letzte Technik kann das Gespräch leicht verderben und sollte dementsprechend mit Bedacht eingesetzt werden.)

- *Teil 3 – Ad-hoc-Fragen:* Wenn unvorhergesehene Problemaspekte auftauchen, sind eventuell spontan weitere Fragen zu stellen, um mehr Informationen zu diesen Aspekten zu erhalten.

4. **Protokoll und Auswertung**

8.4.3 Anwendung und Bewertung

Das qualitative Interview ist (wenn man auch die auf intuitive Weise nach den Grundprinzipien des qualitativen Interviews geführten Gespräche berücksichtigt) ein weit verbreitetes Instrument im Change-Management. Es kann bei einer Vielzahl von Projekten, aber auch bei einzelnen Phasen eines Projektes unterschiedlich eingesetzt werden:

Analyse und Planung eines Change-Projektes

- In der Analyse- und Planungsphase eines Change-Projektes kann ein qualitatives Interview dazu dienen, die wichtigen Problemfelder ausführlich kennen zu lernen, Hypothesen zu formulieren und verschiedene Perspektiven der Betroffenen zu einem Gesamtbild zusammenzufügen. Das Projekt wird also nicht nur aus Sicht des Topmanagements gesteuert. Das qualitative Interview unterstützt die Exploration und Datensammlung und die Konzeptentwicklung.

- Mithilfe von qualitativen Interviews können bestehende Konzepte in Bezug auf die betroffenen Personengruppen (z.B. Kunden, Mitarbeiter verschiedener Bereiche, Management verschiedener Ebenen) überprüft werden. So eingesetzt, dienen qualitative Interviews der Überprüfung und Weiterentwicklung eines Lösungsansatzes.

Überprüfung und Weiterentwicklung eines Lösungsansatzes

- Qualitative Interviews können außerdem sehr gut eingesetzt werden, um Ergebnisse aus quantitativen Untersuchungen, z.B. aus Fragebögen, zu klären: Warum sind bestimmte Ergebnisse aufgetreten? Wie sind die Antworten zu verstehen? Woran machen die Betroffenen ihre Aussagen fest? Vor allem bei unerwarteten Ergebnissen kann ein qualitatives Interview Anhaltspunkte dafür liefern, warum nicht die erwarteten Auswirkungen aufgetreten sind.

- Schließlich können qualitative Interviews auch sehr gut in der Evaluation der durchgeführten Change-Maßnahmen eingesetzt werden. Man erhält so ein sehr viel differenzierteres Feedback als bei einer Fragebogenuntersuchung, die vielleicht im Durchschnitt die positive Note Zwei zum Ergebnis hat, letztlich aber die Varianz der Antworten unbeachtet lässt und damit keine konkreten Hinweise auf Fehler, Verbesserungspotenziale oder „Best Practices" enthält. Qualitative Interviews ermöglichen also bessere organisationale Lernprozesse.

Evaluation der durchgeführten Change-Maßnahmen

VORTEILE QUALITATIVER INTERVIEWS	NACHTEILE QUALITATIVER INTERVIEWS
+ Die spezifische Gestaltung der Interviewsituation erhöht die Motivation der Teilnehmer.	– Qualitative Interviews sind zeit- und kostenintensiv.
+ Der Fokus des Gesprächs wird vom Teilnehmer selbst bestimmt, dadurch liegt er vor allem auf den für den Teilnehmer relevanten Sachverhalten.	– Die Anforderungen an die Qualifikation des Interviewers sind hoch. Die zu erwartende Qualität der Daten ist daher zu einem gewissen Teil auch vom Interviewer abhängig.
+ Da die Teilnehmer keinerlei Vorgaben bezüglich ihrer Antworten haben, erhält man mit großer Wahrscheinlichkeit wahre und vollständige Informationen.	– Die Auswertung ist – verglichen mit den quantitativen Methoden – schwierig.
+ Der Interviewer hat die Flexibilität, Hintergründe zu erfragen und Unklarheiten zu beseitigen.	– Die Ergebnisse sind nicht repräsentativ, da im Regelfall nur eine sehr kleine Stichprobe gezogen wird.
+ Die Offenheit des Vorgehens ermöglicht es, neue, bisher unbekannte Sachverhalte zu entdecken.	– Die Ergebnisse qualitativer Interviews sind stark vom Artikulationsvermögen der Befragten abhängig.

LITERATURVERZEICHNIS

- Baumgarten, Reinhard: *Führungsstile und Führungstechniken.* Berlin 1977.
- Cohn, Ruth C.: *Von der Psychoanalyse zur themenzentrierten Interaktion.* Stuttgart 2004.
- Crisand, Ekkehard: *Psychologie der Gesprächsführung.* Heidelberg 2000.
- Crisand, Ekkehard / Pitzek, Andrea: *Das Sachgespräch als Führungsinstrument.* Heidelberg 1993.
- Gelb, Michael J.: *Sich selbst präsentieren.* Offenbach 1997.
- Graf-Götz, Friedrich / Glatz, Hans: *Organisation gestalten.* Weinheim 2003.
- Herrmann, Theo: *Allgemeine Sprachpsychologie.* Weinheim 1994.
- Kießling-Sonntag, Jochem: *Zielvereinbarungsgespräche.* Berlin 2006.
- Kraus, Georg / Becker-Kolle, Christel / Fischer, Thomas: *Handbuch Change-Management.* Berlin 2006.
- Lamnek, Siegfried: *Qualitative Sozialforschung.* Weinheim 2005.
- Lucas, Michael: *Effiziente Bewerberauswahl durch professionelle Interviewführung.* Renningen 2005.
- Luft, Joseph: *Einführung in die Gruppendynamik.* Stuttgart 1986.
- Mayring, Philipp: *Einführung in die qualitative Sozialforschung.* Weinheim 2002.
- Mehrabian, Albert: *Nonverbal Communication.* Chicago 1972.
- Müllerschön, Albrecht: *Bewerber professionell auswählen.* Weinheim 2005.
- Neuberger, Oswald: *Führen und Geführtwerden.* Stuttgart 1995.
- Patrzek, Andreas: *Fragekompetenz für Führungskräfte.* Leonberg 2005.
- Sarges, Werner: *Management-Diagnostik.* Göttingen 2000.
- Saul, Siegmar: *Führen durch Kommunikation.* Weinheim 1999.
- Schmidt-Tanger, Martina: *So geht ein Licht auf. NLP-Fragetechnik.* In: managerSeminare, Heft 50, 9/2001.
- Schmidt-Tanger, Martina: *Fragetypen im NLP.* In: managerSeminare, Heft 50, 9/2001.
- Schuler, Heinz: *Das Einstellungsinterview.* Göttingen 2002.
- Schulz von Thun, Friedemann: *Miteinander reden.* Reinbeck 1981.
- Shannon, Claude E. / Weaver, Warren: *Mathematische Grundlagen der Informationstheorie.* München 1976.
- Stein, Holger / Maier-Stahl, Christoph M.: *Einzigartig bewerben.* Weinheim 2006.
- Steiger, Thomas / Lippmann, Eric: *Handbuch angewandte Psychologie für Führungskräfte.* Berlin 1999.
- Wahren, Heinz-Kurt E.: *Zwischenmenschliche Kommunikation und Interaktion in Unternehmen.* Berlin 2002.
- Watzlawick, Paul / Beavin, Janet H. / Jackson, Don D.: *Menschliche Kommunikation.* Bern 2000.
- Werner, Andreas: *Personalmarketing.* Sternenfels 2005.
- Witzel, Andreas: *Verfahren der qualitativen Sozialforschung.* Frankfurt am Main 1982.
- zur Bonsen, Matthias: *Erfolge erfragen.* In: managerSeminare, Heft 56, 5/2002.
- zur Bonsen, Matthias / Maleh, Carole: *Appreciative Inquiry (AI).* Weinheim 2001.

STICHWORTVERZEICHNIS